画说大连百年气象观测

Hua Shuo Dalian Bainian Qixiang Guance

主编／宋　军

副主编／童建平

气象出版社
China Meteorological Press

图书在版编目（CIP）数据

画说大连百年气象观测 / 宋军主编 ; 童建平副主编
. -- 北京 : 气象出版社, 2023.12
ISBN 978-7-5029-8123-5

Ⅰ. ①画… Ⅱ. ①宋… ②童… Ⅲ. ①气象观测—大
连—图集 Ⅳ. ①P41-64

中国国家版本馆CIP数据核字(2023)第233432号

画说大连百年气象观测
Hua Shuo Dalian Bainian Qixiang Guance

出版发行：气象出版社
地　　址：北京市海淀区中关村南大街 46 号　　**邮政编码**：100081
电　　话：010-68407112（总编室）　010-68408042（发行部）
网　　址：http://www.qxcbs.com　　**E-mail**：qxcbs@cma.gov.cn
责任编辑：胡育峰　吴骐同　　**终　　审**：张　斌
责任校对：张硕杰　　**责任技编**：赵相宁
设　　计：北京追韵文化发展有限公司
印　　刷：中煤（北京）印务有限公司
开　　本：889 mm × 1194 mm　1/16　　**印　　张**：6.75
字　　数：112 千字
版　　次：2023 年 12 月第 1 版　　**印　　次**：2023 年 12 月第 1 次印刷
定　　价：128.00 元

《画说大连百年气象观测》
编委会

序言

气象观测是做好气象业务与服务及科学研究的基础，而通过各类观测所汇集的气象数据也已成为国民经济各个行业发展的重要基础性资源。伴随大数据、人工智能等现代新兴技术的发展，长实效数据更体现出其科学和应用价值。

2018 年 1 月，大连气象站被中国气象局认定为中国百年气象站。2019 年 6 月，大连气象站因满足运行时间达百年以上、缺测不超过 10%（不含战争和灾害等影响）、没有造成观测气候特征变化的迁站等 9 项条件，被认定为世界气象组织百年气象站。百年气象站是天气、气候和地球生态的忠实记录者，长时期连续、量化的气象观测信息对评估气候变化尤为珍贵，也是为人类保留下来的一份重要气候遗产。

“碧海青山如旧识，朱颜绿鬓想当年”。回顾近代风云，大连是一个既年轻又饱经沧桑的城市，自古以来就是兵家必争之地。在近代曾经历过鸦片战争英军的侵扰、中日甲午战争的浩劫、日俄战争的磨难，被俄日帝国主义侵占近半个世纪之久，直到抗日战争胜利，大连才回到祖国的怀抱，重获新生。近代大连的气象观测及台站建立，与其特殊的历史息息相关。早在英军侵扰大连的鸦片战争时期，就在大连开展了气象观测；1894 年清朝海关建立了旅顺老铁山灯塔测候所，为北洋水师提供气象服务，开启了大连近代器测气象观测的先河；俄日两国为了服务于军事及长期侵华的目的，都曾在大连建立气象台站。通过这些气象观测活动的开展，也可以看出气象信息在经济、军事等领域的重要作用。

中华人民共和国成立后，大连气象事业在百废待兴中艰难起步、重获新生。大连由“浅画自成图”，变成今天的“开放创新之都，浪漫海湾名城”。在中国共产党的坚强领导下，在历代气象工作者的不懈的努力下，历经 70 余年的风雨洗礼，大连气象观测发展迅速，从目力及定性观察、人工仪器测量，到如今的自动化观测；从单一的地面人工气象观测，发展到天、空、地一体化的综合气象观测网，观测的信息化、智能化水平不断提升。大连气象工作者仰望星辰大海、记录风雨雷电、恪守忠诚与担当，平凡中奉献自我，奋斗中创造辉煌。如今大连的气象业务能力、服务水平、现代化程度都发生了根本性变化，实现了跨越式发展，为经济社会发展、百姓生活、行业生产提供了有效服务，做出了重要贡献。

研究梳理百年来的气象观测史，是书写近代大连气象史的重要组成部分，借鉴、传承、发掘气象科技文化遗产、弘扬历史文化更是气象工作者的神圣职责，是深度开发利用历史气象数据资源、评估和研究气候变化的基础，将对大连的气象业务、科研、服务起到积极的作用。

《画说大连百年气象观测》梳理了大连自近代以来气象台站发展的脉络，对史料进行了系统挖掘、总结，收集整理了大连气象观测相关图片并加以说明，全面展现大连综合气象观测的发展历程。通过选取重要的时间节点，再现重大的历史事件，特别是展示了中华人民共和国成立后大连气象科技的发展成就，是一部了解、传承、传播气象文化的良好载体和珍贵的气象科技史料。

回望历史，沧桑巨变。追溯大连气象站走过的百年观天测候风雨历程，感悟今天所取得的成就之不易。展望未来，新时代的蓝图已经绘就，如今气象工作者又站在新的历史起点上，肩负新时代赋予气象工作的历史使命，焕发出蓬勃生机，持续发扬“准确、及时、创新、奉献”的气象优良传统，本着“大气为本，连心为民”的理念，充分融入全面建设社会主义现代化国家新征程，服务国家重大战略，为振兴东北老工业基地、服务大连“两先区”建设发展提供强有力的气象科技支撑。在推进气象高质量发展中，勇当奋斗者，展现新作为，继续谱写新时代大连气象事业高质量发展的新篇章。

2023年10月

目录

第一篇

近代大连气象观测（1860—1949年）

大连位于辽东半岛的最南端，是山海相连的浪漫之都，优越的地理位置、宜人的气候环境，自古以来便是兵家必争之地。回顾大连近代风云，可以说气象条件成就了这座城市的诞生。

气象台站的建设，是近代气象事业的基础。两次鸦片战争期间，英军侵扰大连，因航行和军事行动需要，开展了气象观测。近代大连气象观测事业缘起于晚清时的海防建设，为给北洋水师提供服务，1894年（清光绪二十年），清朝海关建立了老铁山气象观测站，开启了大连近代器测气象观测的先河。1898年后，沙俄在大连开埠建市，行殖民统治近7年。日俄战争后，大连又沦为日本殖民地长达40年之久。俄日为了配合其军事占领和经济掠夺，都曾在大连建立气象台站。列强侵占时期的气象工作，本质上是为殖民者统治侵略提供服务，但客观上对大连气象事业的发展也起到了一定的推动作用，为大连留下了宝贵的定量器测观测资料。抗战胜利后，苏联红军接管了气象台站并在旅顺开展气象观测[1-6]。

第一章　清朝海关时期的气象观测

一、英军先遣测量船气象观测

大连旧称青泥洼，原为小渔村，人们耕田打鱼，过着自给自足的生活。然而在 19 世纪 30 年代，满载鸦片的英国商船从中国东南沿海“破门而入”，一直北上到东北沿海的各海口，在大连貔子窝、和尚岛、大孤山等地走私鸦片，乡民饱受鸦片之害。据有关资料记载，鸦片战争时期，英军先遣测量船在大连进行航道测量、绘制地形地貌和地图的同时，开展了气象观测。图 1.1 为大孤山湾全景。

图 1.2 为 1861 年英国《THE CHINA PILOT》期刊登载的文章，可以作为英军在大连沿海进行航道测量和气象观测的证据。

图 1.1　1860 年 6 月 21 日大孤山湾全景（比亚托　摄）

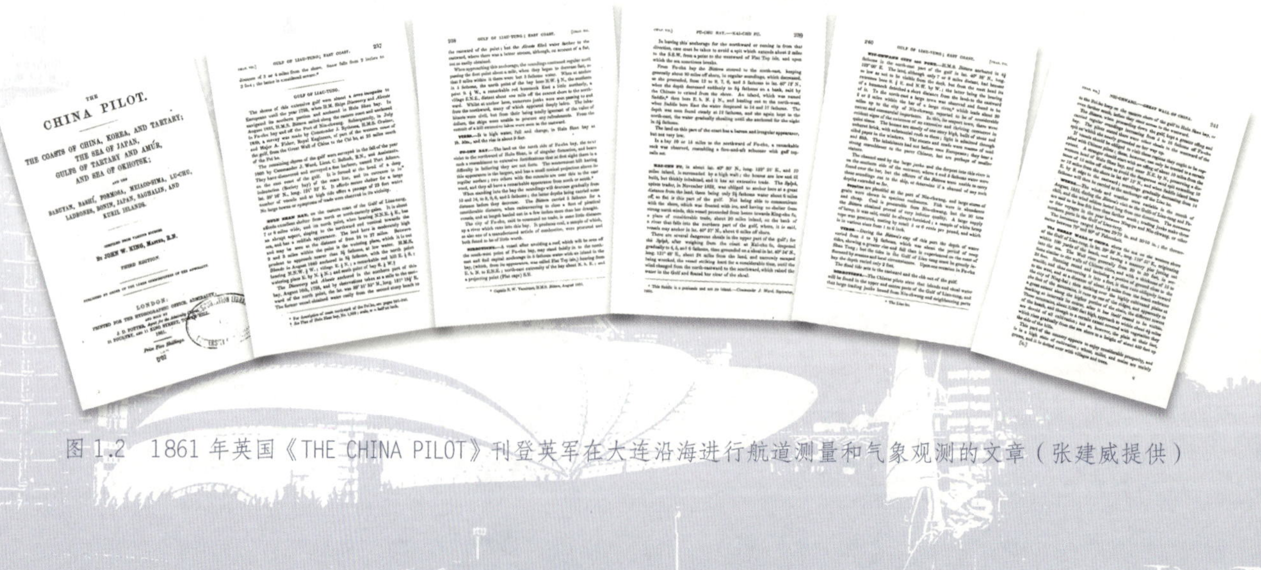

THE
CHINA PILOT.

THE COASTS OF CHINA, KOREA, AND TARTARY;
THE SEA OF JAPAN,
GULFS OF TARTARY AND AMÚR,
AND SEA OF OKHOTSK;

AND THE

BABUYAN, BASHÍ, FORMOSA, MEIACO-SIMA, LU-CHU,
LADRONES, BONIN, JAPAN, SAGHALIN, AND
KURIL ISLANDS.

BY JOHN W. KING, MASTER, R.N.

THIRD EDITION.

LONDON:
PRINTED FOR THE HYDROGRAPHIC OFFICE, ADMIRALTY,
J. D. POTTER, AND 11 KING STREET, TOWER HILL.
1861.

Price Five Shillings.

图 1.2　1861 年英国《THE CHINA PILOT》刊登英军在大连沿海进行航道测量和气象观测的文章（张建威提供）

据当时随军参战的英远征军第一师中尉军需副助理主任乔治·奥尔古德（George Allgood）在《1860年的中国战争：信札与日记》（China War 1860：Letter and Journal）一书（图1.3）记载：1860年7月8日，他在停泊于大连湾的“阿尔弗雷德号（Alfred）”上给母亲的家书中写道：“这儿气候非常宜人，好得不能再好了……至于冬天的情况，我们的中文翻译吉布森先生去年2月就在大连湾，这里的最低气温不会低于华氏18度（约零下7.8℃），而且那时候地上没有积雪，但海上离海岸大约半英里①的海面都会结冰。”他在1860年7月23日给他母亲的家书中写道：“大连湾是一个出色集结地，那儿夏天的气候简直是无与伦比。”

图1.3 《1860年的中国战争：信札与日记》（China War 1860：Letter and Journal）

二、建立旅顺老铁山灯塔测候所

旅顺老铁山灯塔及测候所的建立是与近代海关联系在一起的。

1863年，英国人罗伯特·赫德（Robert Hart）（图1.4）开始担任清朝海关总税务司，连续任职45年，取得对总税务司署的绝对统治。

1868年4月25日，赫德发布《海关第10号通札》宣布成立船钞股，任务包括建设与管理沿海灯塔。

图1.4 罗伯特·赫德

① 1英里=1.609千米，下同。

1869 年 11 月，清朝海关总税务司赫德发布《海关第 28 号通札》（图 1.5），详述气象观测的重要性，提出在中国沿海、长江重要口岸海关及近海岛屿、灯塔附设测候所的建议。在赫德的建议下，从 1869 年开始，各口岸海关和主要灯塔所在地逐步设立气象观测站，并将气象观测列入海关海务 5 项基本业务之一。

海关专门制定了《关于气象工作的指令》，编撰了《气象观测和东海风暴规律的讲义》（图 1.6），于 1887 年（清光绪十三年）出版。

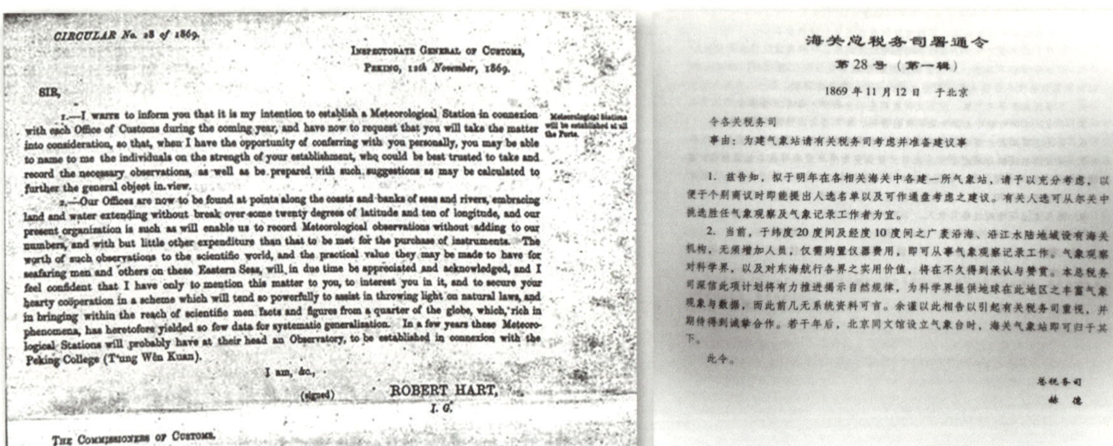

CIRCULAR No. 28 of 1869.

INSPECTORATE GENERAL OF CUSTOMS,
PEKING, 12th *November*, 1869.

SIR,

1.—I WRITE to inform you that it is my intention to establish a Meteorological Station in connexion with each Office of Customs during the coming year, and have now to request that you will take the matter into consideration, so that, when I have the opportunity of conferring with you personally, you may be able to name to me the individuals on the strength of your establishment, who could be best trusted to take and record the necessary observations, as well as be prepared with such suggestions as may be calculated to further the general object in view.

Meteorological Stations will be established at all the Ports.

2.—Our Offices are now to be found at points along the coasts and banks of seas and rivers, embracing land and water extending without break over some twenty degrees of latitude and ten of longitude, and our present organization is such as will enable us to record Meteorological observations without adding to our numbers, and with but little other expenditure than that to be met for the purchase of instruments. The worth of such observations to the scientific world, and the practical value they may be made to have for seafaring men and others on these Eastern Seas, will in due time be appreciated and acknowledged, and I feel confident that I have only to mention this matter to you, to interest you in it, and to secure your hearty coöperation in a scheme which will tend so powerfully to assist in throwing light on natural laws, and in bringing within the reach of scientific men facts and figures from a quarter of the globe, which, rich in phenomena, has heretofore yielded so few data for systematic generalization. In a few years these Meteorological Stations will probably have at their head an Observatory, to be established in connexion with the Peking College (T'ung Wên Kuan).

I am, &c.,

(signed) ROBERT HART,
I. G.

THE COMMISSIONERS OF CUSTOMS.

海关总税务司署通令

第 28 号（第一辑）

1869 年 11 月 12 日 于北京

令各关税务司

事由：为建气象站请有关税务司考虑并准备建议事

1. 兹告知，拟于明年在各相关海关中各建一所气象站，请予以充分考虑，以便于个别商议时即能提出人选名单以及可作通盘考虑之建议。有关人选可从尔关中挑选胜任气象观察及气象记录工作者为宜。

2. 当前，于纬度 20 度间及经度 10 度间之广袤沿海、沿江水陆地域设有海关机构，无须增加人员，仅需购置仪器费用，即可从事气象观察记录工作。气象观察对科学界，以及对东海航行各界之实用价值，将在不久得到承认与赞赏。本总税务司深信此项计划将有力推进揭示自然规律，为科学界提供地球在此地区之丰富气象现象与数据，而此前几无系统资料可言。余谨以此相告以引起有关税务司重视，并期待得到诚挚合作。若干年后，北京同文馆设立气象台时，海关气象站即可归于其下。

此令。

总税务司
赫 德

图 1.5 《海关第 28 号通札》及中文翻译

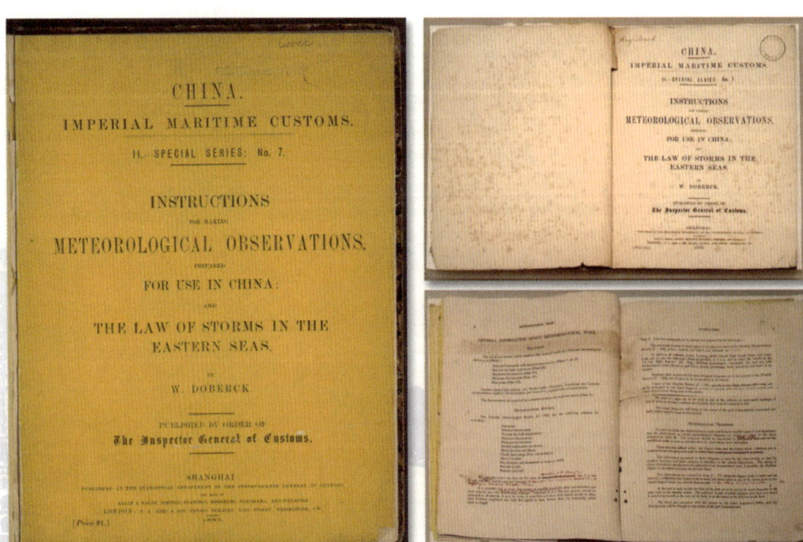

图 1.6 清海关 1887 年发布的《气象观测和东海风暴规律的讲义》

1891年4月，北洋水师提督丁汝昌（图1.7）致函海关总税务司赫德称："奉天旅顺口向为北洋军艘常川之所，兹经贵关于口门右首设立灯塔，行驶良多裨益。唯查西口之老铁山为赴该口轮船必经之路一带，奔溜甚急，值夜暗昏雾时每恐误事，似宜添设灯塔一座，使人昭昭，较为慎重。不为兵轮称便，且日后商轮不乏往还，亦可恃以无虞。拟仍归贵关一律建置，派人看管。如承允可，希速见复。以便呈请中堂咨照贵总税司核夺饬办。"

图1.8为老铁山灯塔设计师——英国人韩得善（David Marr Henderson）。

金登干（图1.9），英国人，赫德的亲信。灯塔设备采购、外籍守塔人员招募、气象仪器设备购买等均通过金登干实现。

1893年建成老铁山灯塔，并附设了测候所，由负责守护灯塔的英国人、德国人兼任观测员。气象观测要素包括气压、干球温度、温度露点差、最高气温和最低气温、降水、风向、风速、天空状况等，观测记录文种为英文。中国气象局气象档案馆现存有1894年1月至1898年4月不完整的气象观测记录，是中华人民共和国成立初期上海市气象局移交的。当时海关各观测站按要求填报气象观测月报表，定期寄送上海徐家汇观象台。这是迄今为止辽东半岛南端见于史料的关于气象台站及其气象资料的最早记录。老铁山灯塔测候所是大连近代最早开展器测气象观测的台站，是大连近代气象事业的开端台站。从老铁山灯塔测候所的照片中可以清晰看到气象观测设施有百叶箱、雨量器等。

图1.7　北洋水师提督丁汝昌

图1.8　老铁山灯塔设计师——英国人韩得善（David Marr Henderson）

图1.9　金登干（J.D.Campbell）

图 1.10 是大连近代最早开始气象观测的老铁山灯塔。图 1.11 是老铁山灯塔界碑，上写“东海新关灯塔地界”。

图 1.10　大连近代最早开始气象观测的老铁山灯塔

图 1.11　老铁山灯塔界碑

从 1894 年 1 月的老铁山测候所《海关气象月总簿》（CHINA，IMPERIAL MARITIME CUSTOMS，METEOROLOGICAL RETURN）（图 1.12）可以看到当时观测的基本内容包括 Barometer（气压）、Attached therm（附温）、Dry Bulb（干球温度）、Thermometer（温度自记）、Damp Bulb（温度露点差）、Rainfall（降水）、Wind direction（风向）、Wind force（风力）、State of weather（天气状况）、Remark（纪要）等，每日 03、09、15、21 时 4 次观测，东经 120° 时区。每日每行记录都有 Signature of observer（观测员签名），报表最后页有 Harbour master（港务长）签名。当时老铁山灯塔归属东海关——烟台关管理。

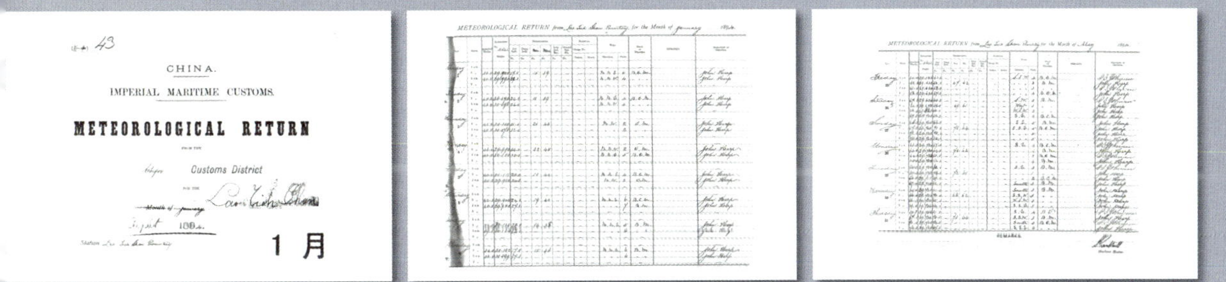

图 1.12　1894 年 1 月、5 月的老铁山测候所海关气象月总簿部分内容

日俄战争爆发后的 1905 年 3 月，日本海军在向日方军务局提交的修缮灯塔申请中，有一幅根据老铁山灯塔现场调查绘制的老铁山灯塔平面位置示意图（图 1.13）。

图 1.13 中甲为办公场所，乙、丙为中国人宿舍，丁为物品放置室，面积分别为 52、18、9、7 平方米。

图 1.14 左图是日本国立国会图书馆保存的档案中关于老铁山灯塔看守人员的描述：清政府雇佣一个英国人，月筹 80 两；一个德国人，月筹 30 两。右图是日俄战争时期日本人对老铁山灯塔附属房屋损坏做的维修方案部分内容。

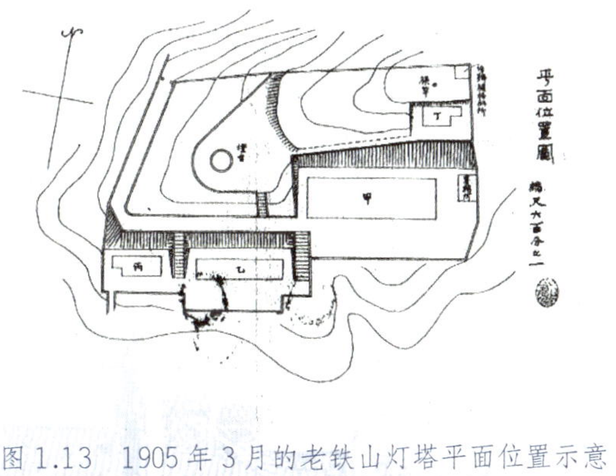

图 1.13　1905 年 3 月的老铁山灯塔平面位置示意

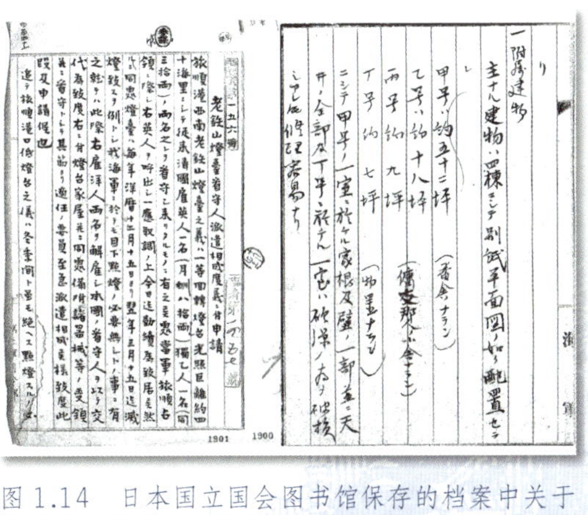

图 1.14　日本国立国会图书馆保存的档案中关于老铁山灯塔看守人员及附属建筑的描述

第二章 沙俄侵占时期的气象观测

1894 年，中日甲午战争爆发，北洋海军难抵强敌，大连和旅顺口相继沦陷。1895 年 4 月，清政府被迫与日本签订《马关条约》（图 1.15），割让台湾和辽东半岛。俄、德、法三国干涉“还辽”成功后，沙俄强租旅大，修筑东清铁路、设立旅顺军港、在大连开埠建市等，需要规划设计、施工、航行等气象服务保障，因而设立了气象观测所[7–8]。

图 1.15 1895 年 4 月清政府被迫与日本签订《马关条约》

一、沙俄强租旅大

1897 年 12 月，沙俄以干涉“还辽”有功为由，派出军舰强占旅大。1898 年 3 月和 5 月，沙俄迫使清政府签订《旅大租地条约》和《续订旅大租地条约》（图 1.16）。这两个条约规定：旅顺、大连及其附近水域租给俄国，为期 25 年。沙俄取代日本侵占了大连。

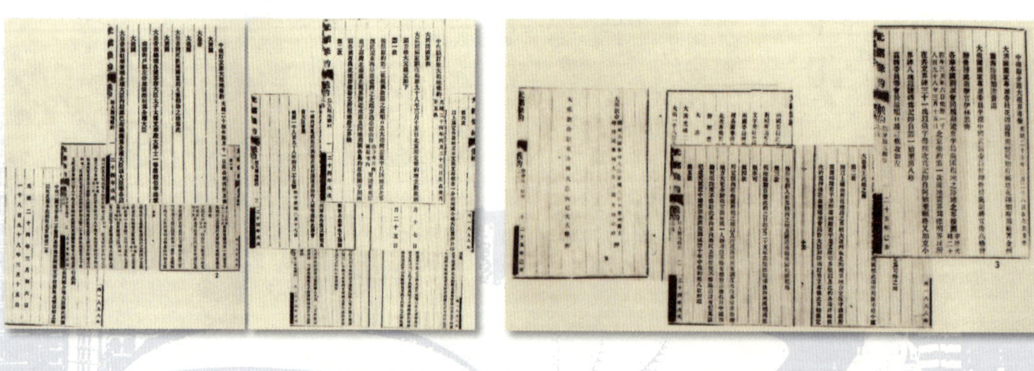

图 1.16 沙俄迫使清政府签订的《旅大租地条约》和《续订旅大租地条约》

二、沙俄东清铁路公司建立气象观测所

沙俄在铁路建设、铁轨保养、港口选址时，均需要了解风向和风力、降水、温度、冰冻程度等气象信息。1898 年 6 月 10 日，沙皇尼古拉二世下达兴建大连商港命令之后，正在辽东半岛的东清铁路公司代表、工程师盖尔别茨立即启动大连湾商港建设前的各项准备工作，其中就包括气象站的建设和气象资料的收集。从图 1.17 中可以看出，沙俄东清铁路公司建立的达里尼气象站，位置靠近港口选址的地方。

图 1.17 沙俄东清铁路公司建立的达里尼气象站（摘自 1902 年东清铁路大画册，大连市档案局提供）

1899 年，沙俄在大连开埠建市（图 1.18—图 1.20），称“达里尼市”，大连被沙俄殖民统治近 7 年。

图 1.18 1902 年大连市井一角

图 1.19 1902 年沙皇任命的大连市第一任市长萨哈罗夫

图 1.20　沙俄统治下的大连街景

1902 年，沙俄为了达到长期统治大连的目的，更好地为其政治、军事、经济、文化等各方面服务，在今大连胜利桥东北方向滨海街、创造街一带建立了气象观测所（图 1.21）。日占时街区名为滨町十四号（据《满洲气象报告 1917》）。另据 1918 年的大连市街全图可以看到沙俄观测所的具体位置（见第三章《日本侵占时期的气象观测》）。

图 1.21　1902 年沙俄建立的大连气象观测所（大连市气象局档案馆提供）

沙俄在大连商港与大连城市规划设计中非常重视气象资料应用，达里尼商港规划平面图与达里尼市的最终规划设计图均印有风玫瑰图（图 1.22—图 1.25）。

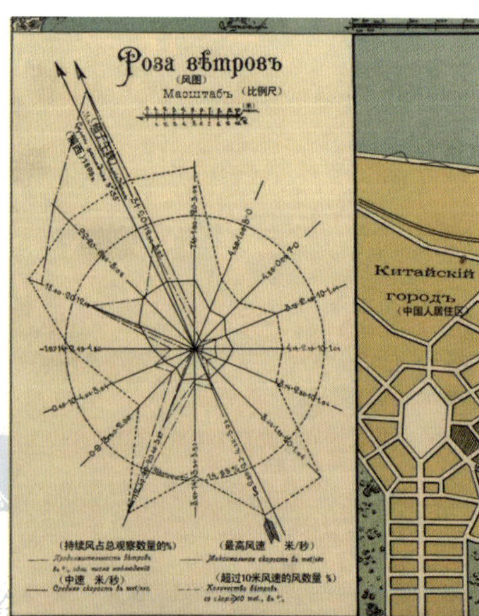

图 1.22　1903 年沙俄侵占时期大连城市港口规划图中的风玫瑰图（大连市档案局提供）

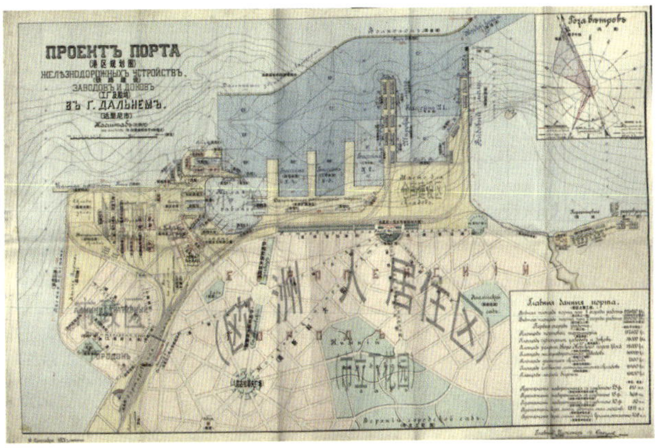

图 1.23　1901 年 9 月 15 日，达里尼商港规划平面图（来源：《大连开埠建市》）

图 1.24　达里尼市的最终规划设计图（大连市档案局提供）

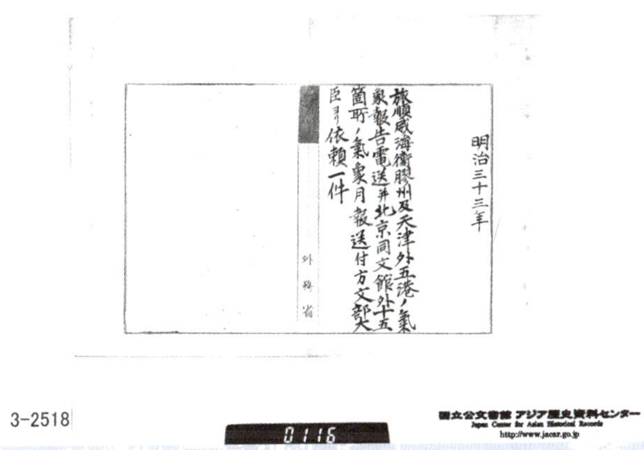
明治三十三年

旅順威海衛膠州及天津外五港ノ氣象報告電送并北京同文館外五箇所ノ氣象月報送付方文部大臣ヨリ依頼一件

外務省

3-2518

0116

国立公文書館 アジア歴史資料センター
Japan Center for Asian Historical Records
http://www.jacar.go.jp

图 1.25　日本国立国会图书馆 1900 年的资料记载沙俄在旅顺港开展了气象观测

三、沙俄侵占时期的气象资料

日俄战争后，俄国观测所被日本人接管。在日本国立国会图书馆找到的一份影像档案（图 1.26）显示，1906 年 9 月，浦潮港日本贸易事务馆收到俄国人尼古拉耶夫的请求，请求帮忙查找他在战争结束撤退时遗留在达里尼观测所的一些气象资料，包括有关其他气象观测所的各种文件和资料，声明都是毕生研究学术所用，希望帮助寻找，然后交接给他们。尼古拉耶夫身份是气象次长兼东清铁路会社观测所所长。浦潮港日本贸易事务馆给日本外务省发函，帮忙确认资料是否存在；日本外务省又责令关东都督男爵大岛义昌帮忙寻找，日本方面将内部的一个文件传送各个部门，拜托查找资料。但都没能找到文件，说当时由于社会秩序混乱，很有可能遭遇了不测，造成资料丢失。俄国人当时仓皇撤退时是否带走了一部分重要资料也不得而知，这部分资料下落不明。

5-0722
0315
アジア歴史資料センター

图 1.26　日本国立国会图书馆发现的俄国人寻找气象资料的影像档案

大连市气象局在开展百年台站文化挖掘研究时，在当时的一些报告中发现了部分统计资料，这也是首次发现沙俄时期的气象资料。

在日本国立国会图书馆 1904 年 2 月 2 日印刷的一份日本外务省文书《达尼情况》（达尼：即“达里尼”，原文日语“ダルニー”，沙俄占领时期对大连的称呼）中，有大连的气候概况，可以找到沙俄占领时期的气象观测记录，包括气温、气压、风向、风速、天气现象等项目，其中注明有从“达尼观测站”观测到的 1899 年 2 月至 1902 年 12 月的部分气象要素统计项目。观测要素有气压、气温、最高温度、最低温度、水汽压、风向、风速、雨雪日数、雷电日数、电光日数等。

另在一份美国驻牛庄（营口）领事馆报告中，发现了 1900 年达里尼气候资料（图 1.27—图 1.30），内容包括气温、降水与风向频率。

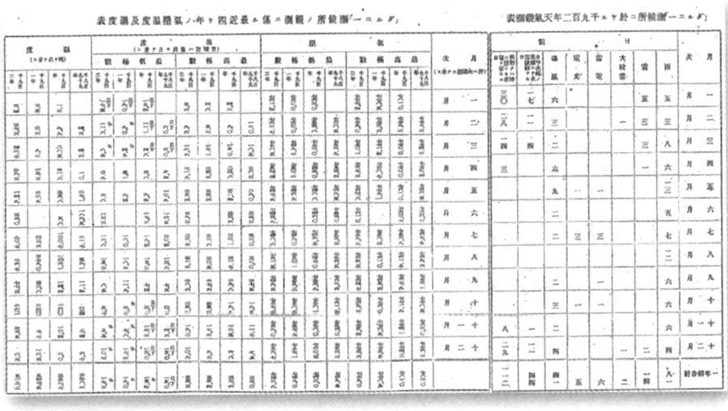

图 1.27　1899—1902 年达里尼测候所部分气象资料
（来源：日本国立国会图书馆）

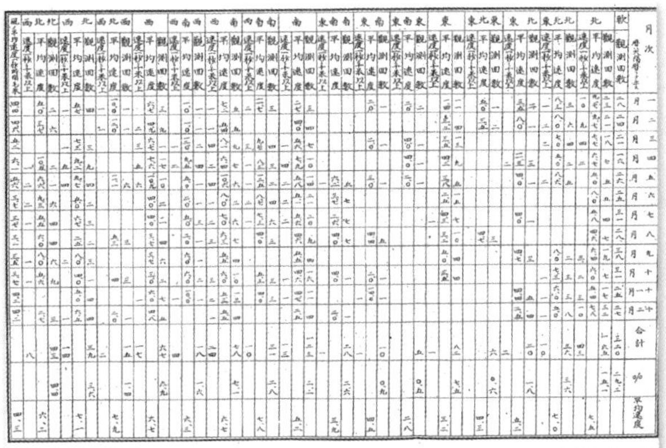

图 1.28　1902 年达里尼观测所风统计
（来源：日本国立国会图书馆）

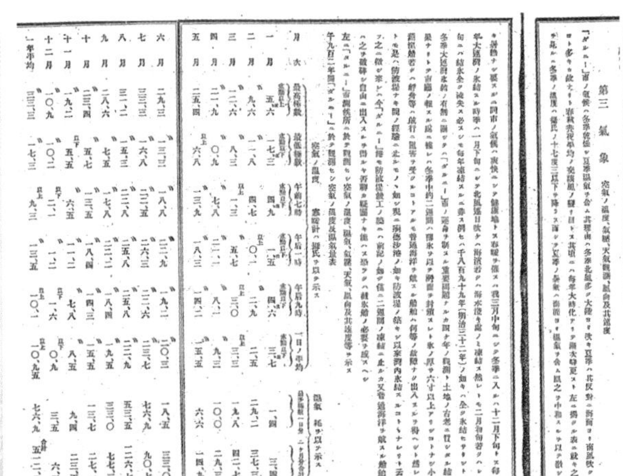

图 1.29　1902 年达里尼观测所温度统计
（来源：日本国立国会图书馆）

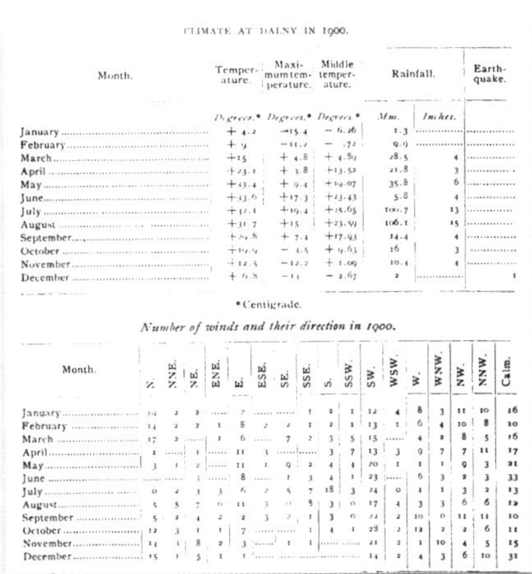

CLIMATE AT DALNY IN 1900.

Month.	Temperature.	Maximum temperature.	Middle temperature.	Rainfall.		Earthquake.
	Degrees.*	Degrees.*	Degrees.*	Mm.	Inches.	
January	+4.2	−15.4	−6.26	1.3	......	......
February	+9	−11.2	−.72	9.9	......	......
March	+15	+4.8	+4.89	28.5	4	......
April	+23.1	+3.8	+13.52	21.8	3	......
May	+33.4	+9.4	+19.07	35.8	6	......
June	+33.6	+17.3	+23.43	5.8	4	......
July	+32.1	+19.4	+25.65	100.7	13	......
August	+31.7	+15	+23.59	106.1	15	......
September	+28.8	+7.4	+17.93	14.4	4	......
October	+19.9	−4.5	+9.63	16	3	......
November	+12.5	−12.2	+1.09	10.4	4	......
December	+6.8	−11	−2.67	2	......	1

*Centigrade.

Number of winds and their direction in 1900.

Month.	N.	NNE.	NE.	ENE.	E.	ESE.	SE.	SSE.	S.	SSW.	SW.	WSW.	W.	WNW.	NW.	NNW.	Calm.
January	19	2	2	......	2	......	......	1	2	1	12	4	8	3	11	10	16
February	14	2	2	1	8	2	2	1	2	1	13	1	6	4	10	8	10
March	17	2	......	1	6	......	7	2	3	5	15	......	4	2	8	5	16
April	1	......	1	......	11	3	......	......	3	7	13	3	9	7	7	11	17
May	3	1	2	......	11	1	9	2	4	4	20	1	1	1	9	3	21
June	......	......	1	......	8	......	1	3	4	1	23	......	6	3	2	3	33
July	0	2	3	3	6	2	5	7	18	3	24	0	1	1	3	2	13
August	5	5	7	0	11	3	0	8	3	0	17	4	3	3	6	6	12
September	5	2	4	2	2	3	2	1	3	0	22	2	10	0	11	11	10
October	12	3	1	1	7	......	......	1	4	1	28	2	12	2	2	6	11
November	11	1	8	2	3	......	1	1	......	......	21	2	1	10	4	5	15
December	15	1	5	1	1	......	......	......	......	......	14	2	4	3	6	10	31

图 1.30　美国驻牛庄领事馆报告中的 1900 年达里尼气候资料

第三章　日本侵占时期的气象观测（1904—1945 年）

一、日本因日俄战争需要建立第六临时观测所

1904 年 2 月，为争夺中国辽东半岛和朝鲜半岛的控制权，日俄战争在中国东北的土地上爆发，日本因战争需要在东北设立了气象观测所。1904 年 8 月在大连设立了第六临时观测所，并于同年 9 月 7 日开始观测。1905 年 9 月 1 日在大三山岛设立了气象观测站（图 1.31）。1905 年 9 月 5 日，日俄双方在美国朴茨茅斯进行了长达 25 天的谈判后，签订了《朴茨茅斯和约》（图 1.32），正式结束了在中国土地上进行的日俄战争。获胜的日本继承了俄国在大连的特权，此后日本侵占大连达 40 年之久，期间广设观测所，开展气象观测、收集气象情报，服务于军事、水利、海空航行、城市规划等。

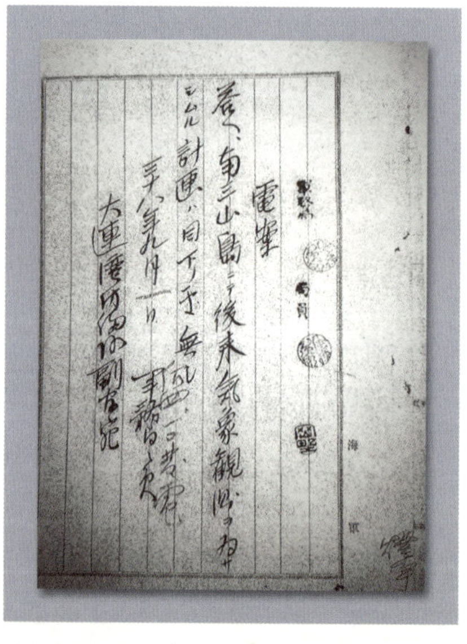

图 1.31　日本国立国会图书馆的文件显示，日军 1905 年 9 月 1 日在大三山岛设置了气象观测站

日本侵占时期的气象观测按照管理机构可分为伪南满铁路系统（1906—1933 年）、关东厅观测所系统（1904—1937 年，1938 年后改称关东气象台，由日驻伪满洲国殖民统治机构关东局统管）、伪满观象台系统（1933—1945 年）。另有关东军气象部队开展气象观测 [9-10]。

图 1.32　《朴茨茅斯和约》谈判会场

关东厅观测所（大连）是日本在伪满洲主持殖民化气象工作的常设机构，从 1904 年成立到 1937 年日本政府对伪满废除所谓的治外法权为止，达 33 年之久。

1904年2月8日，日本海军突袭停泊在旅顺港的俄国舰队，日俄战争爆发。日本政府出于研讨战况的需要，为保障航线安全及军事需要，迫不及待地给日本中央气象台连发两道在满鲜地方设立和扩充气象观测网点并设置相应机构的敕令（图1.33、图1.34）。1904年8月5日，日本文部大臣指示日本中央气象台在青泥洼（大连）设立第六临时观测所，并于9月7日开始观测（图1.35—图1.37）。

之前设立的5个临时观测所均在当时的朝鲜，分别位于釜山、木浦、仁川、镇南浦、元山。日本中央气象台特别成立了临时观测科，任命和田雄治为科长，统辖10个临时观测所，并向临时观测所派驻临时观测员。

第六临时观测所建立后，因为战时混乱、设备不全，于1904年10月13日迁至日本海军大连湾防备队院内的原俄国观测所（日占时街区名滨町十四号，据《满洲气象报告，1917》）开展观测。

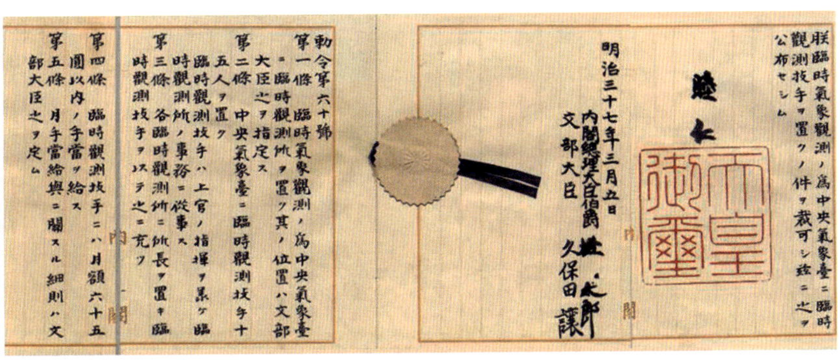
朕臨時氣象觀測ノ爲中央氣象臺ニ臨時觀測技手ヲ置クノ件ヲ裁可シ茲ニ之ヲ公布セシム

明治三十七年三月五日
内閣總理大臣伯爵 桂太郎
文部大臣 久保田讓

勅令第六十號
第一條 臨時氣象觀測ノ爲中央氣象臺ニ臨時觀測所ヲ置ク其ノ位置ハ文部大臣之ヲ指定ス
第二條 中央氣象臺ニ臨時觀測技手十五人ヲ置ク
臨時觀測技手ハ上官ノ指揮ヲ承ケ臨時觀測所ノ事務ニ從事ス
第三條 各臨時觀測所ニ所長ヲ置キ臨時觀測技手ヲ以テ之ニ充ツ
第四條 臨時觀測技手ニハ月額六十五圓以内ノ手當ヲ給ス
第五條 手當給與ニ關スル細則ハ文部大臣之ヲ定ム

图1.33 1904年3月5日日本天皇颁发的关于建立临时测候所的第60号敕令

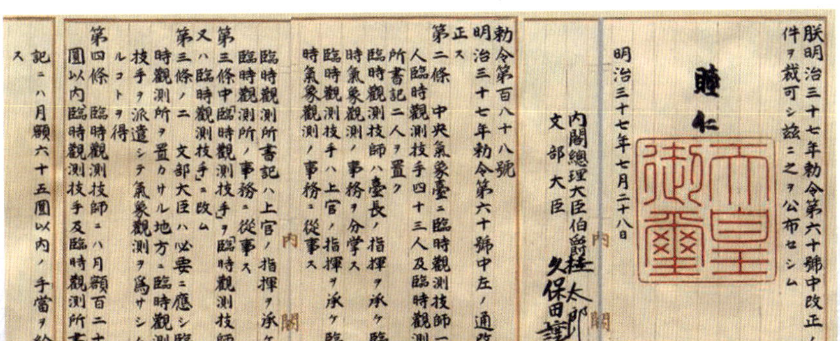
朕明治三十七年勅令第六十號中改正ノ件ヲ裁可シ茲ニ之ヲ公布セシム

明治三十七年七月二十八日
内閣總理大臣伯爵 桂太郎
文部大臣 久保田讓

勅令第百八十八號
明治三十七年勅令第六十號中左ノ通改正ス
第二條 中央氣象臺ニ臨時觀測技師一人臨時觀測技手四十三人及臨時觀測所書記二人ヲ置ク
臨時觀測技師ハ臺長ノ指揮ヲ承ケ臨時氣象觀測ノ事務ヲ分掌ス
臨時觀測技手ハ上官ノ指揮ヲ承ケ臨時氣象觀測ノ事務ニ從事ス
臨時觀測所書記ハ上官ノ指揮ヲ承ケ臨時觀測所ノ事務ニ從事ス
第三條中「臨時觀測技手」ヲ「臨時觀測技師又ハ臨時觀測技手」ニ改ム
第三條ノ二 文部大臣ハ必要ニ應シ臨時觀測所ヲ置カサル地方ニ臨時觀測技手ヲ派遣シテ氣象觀測ヲ爲サシムルコトヲ得
第四條 臨時觀測技師ニハ月額百二十圓以内臨時觀測技手及臨時觀測所書記ニハ月額六十五圓以内ノ手當ヲ給ス

图1.34 1904年7月28日日本天皇颁发的第188号敕令

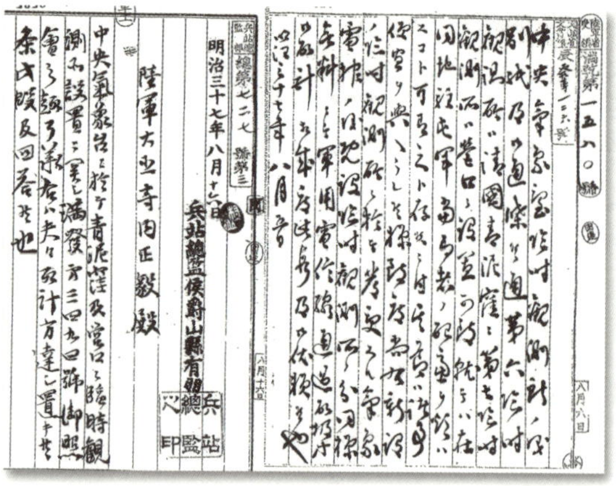

图 1.35 1904 年 8 月 16 日关于第六临时观测所成立的文件

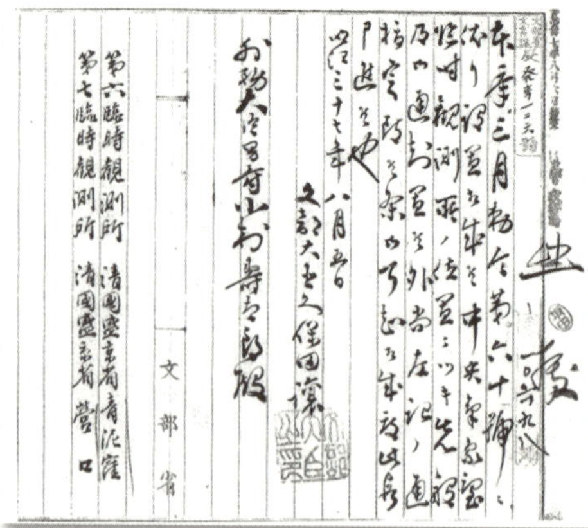

图 1.36 1904 年日本文部大臣给外务大臣的文书中关于设立第六、第七临时观测所的部分内容

图 1.37 1904 年创立时的日本中央气象台第六临时观测所（今西岗区胜利街一带）

二、关东观测所及名称变迁

1906 年 7 月 31 日，日本政府制定了《关东都督府官制》——第 196 号敕令。1906 年 9 月 1 日，关东都督府成立（图 1.38）。日本文部省中央气象台遂将战时设立的各临时观测所及派出机构移交给关东都督府管辖。1908 年 10 月日本出台了《关东都督府观测所官制》，由此诞生了独立的气象观测机构，第六临时观测所更名为“关东都督府观测所”，后更名为“关东厅观测所”“关东观测所”。在此后几年内出版的《满洲气象报告》上，出版者均署名关东都督府观测所，观测站则改称测候所。

表 1.1 为日本统治时期大连观测所名称变迁。图 1.39 为 1938 年日本政府关于关东观象台官制文件 705 号敕令。

表 1.1　日本统治时期大连观测所名称变迁

日期	名称
1904 年 8 月 5 日—1906 年 8 月 31 日	第六临时观测所
1906 年 9 月 1 日—1919 年 4 月 11 日	关东都督府大连测候所
1919 年 4 月 12 日—1934 年 11 月 30 日	关东厅观测所
1934 年 12 月 1 日—1938 年 10 月 28 日	关东观测所
1938 年 10 月 29 日—1945 年 8 月	关东气象台

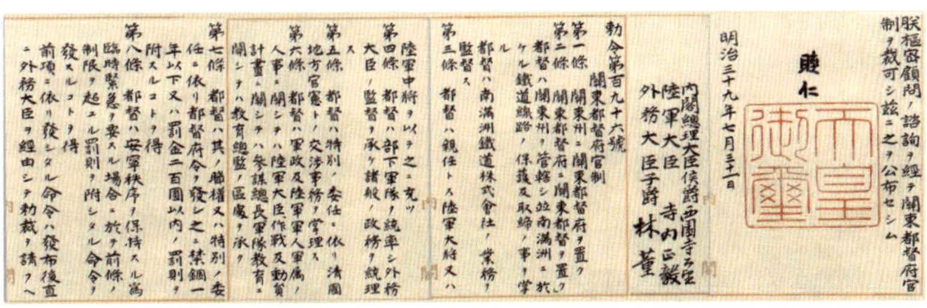

图 1.38　日本政府关于关东都督府官制文件 196 号敕令部分内容

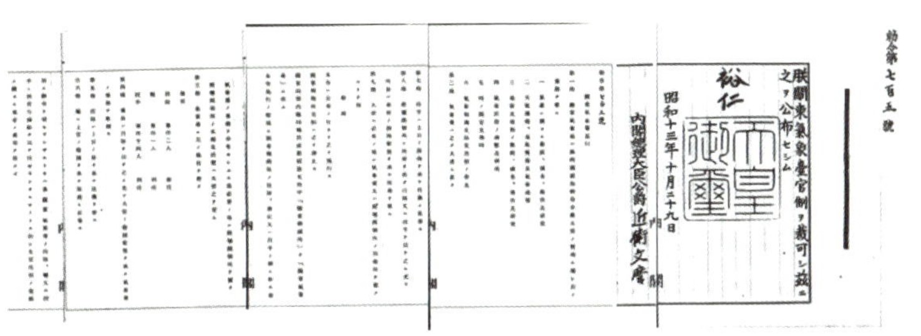

图 1.39　1938 年日本政府关于关东观象台官制文件 705 号敕令

三、观测仪器和观测项目

据当时的气象观测规程，基本观测设备有水银晴雨计、自记晴雨计、干湿球寒暖计[①]、最高寒暖计、最低寒暖计、自记寒暖计、风力计及电气盘风信器、雨量计、蒸发计、百叶箱、风力台等。观测要素包括气压、气温、水蒸气张力、湿度、风向、风速、雨量、蒸发量、云向、云速、云形、云量及各种现象等。

日本关东厅所属气象台站除旅顺支所外，每日观测 6 次，观测时间为东经 120 °地方标准时的 02、06、10、14、18、22 时，22 时为日界。主要观测气象要素有气压、气温、湿度、水汽张力、风向、风速、降水量、蒸发量、积雪深度、云量、日照、地温（0、0.1、0.2、0.3、0.5、1.0、2.0、3.0、4.0、5.0 米）以及天气现象等。旅顺分所及满铁委托所的观测时间为 05、13、21 时共 3 次。

关东观测所及该所的分所（除旅顺外）日界为 22 时，旅顺分所及满铁委托所为 21 时。但在天气日数（除降水日数外）的一栏中，均是以 24 时为日界。

图 1.40—图 1.51 为有关测报规程和各种气象仪器。

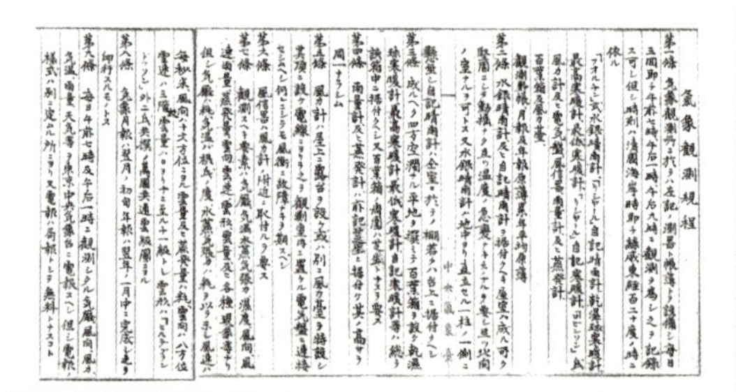

图 1.40　1906 年临时观测所执行日本中央气象台的观测规程

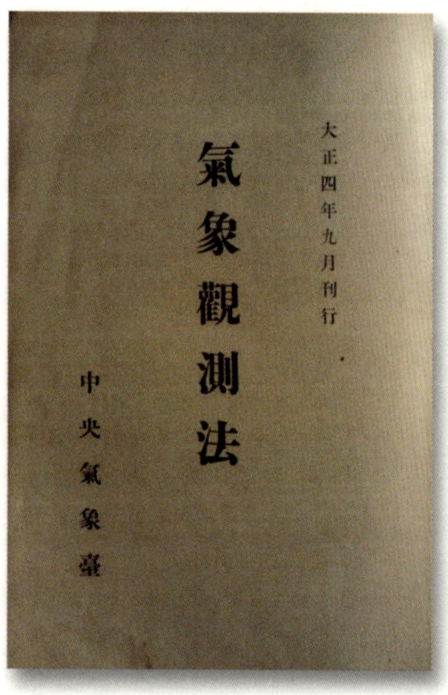

图 1.42　1915 年日本中央气象台印发的《气象观测法》

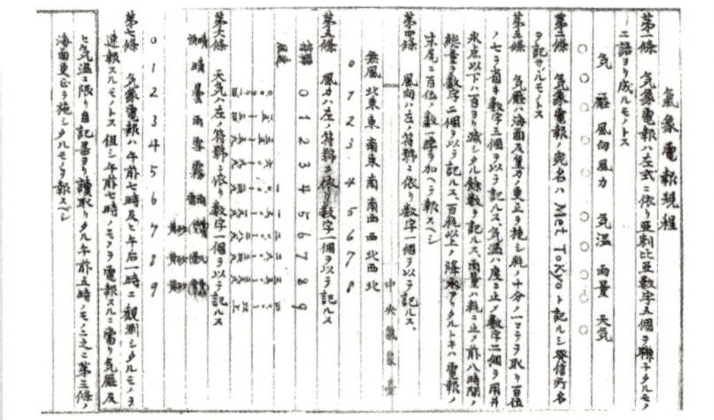

图 1.41　1906 年日本中央气象台的气象电报规程

① 寒暖计：即温度计，下同。

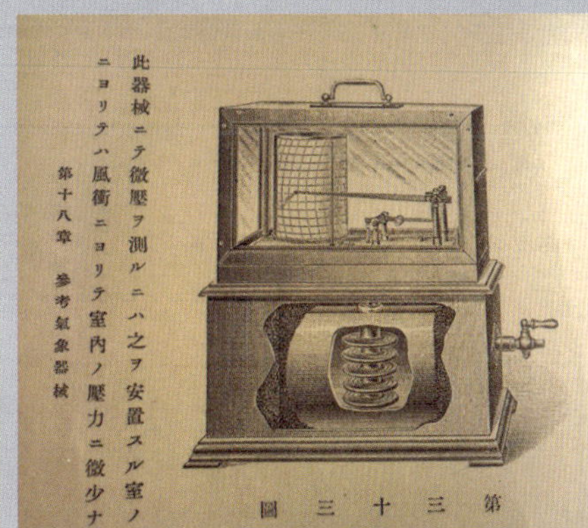

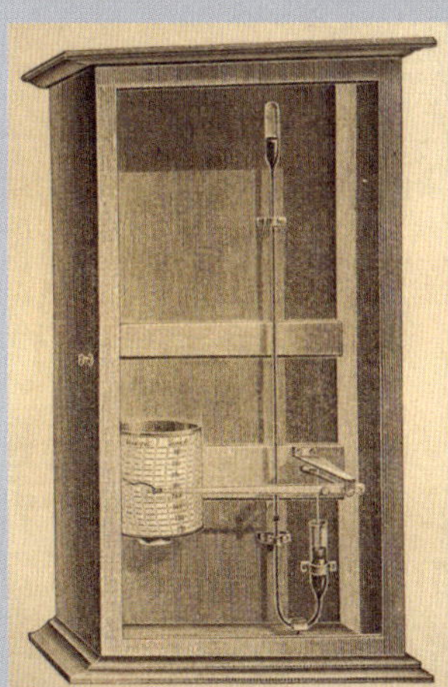

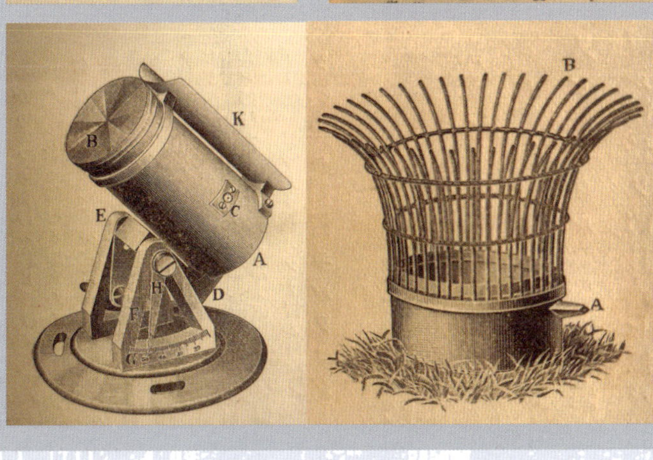

① ② ③
④ ⑤ ⑥
⑦ ⑧
⑨

① 图 1.43　关东都督府时期的观测仪器——风压计（大连市气象局档案馆提供）

② 图 1.44　大连报时信号钟立式报时信号装置（大连市气象局档案馆提供）

③ 图 1.45　大连报时用无线电接收机（大连市气象局档案馆提供）

④ 图 1.46　四杯风速仪

⑤ 图 1.47　百叶箱与干湿球温度表

⑥ 图 1.48　敏锐自记晴雨计

⑦ 图 1.49　自记水银晴雨计

⑧ 图 1.50　毛发湿度表

⑨ 图 1.51　日照计与蒸发皿

四、站址变迁

1904 年 8 月 5 日，日本中央气象台在青泥洼设立第六临时观测所，并于 9 月 7 日开始观测，地址在日本街区乃木町二丁目，即今西岗区胜利街一带（图 1.52）。

1904 年 10 月 13 日，观测所迁至日本海军大连湾防备队院内原沙俄测候所，地址在日本街区滨町 14 号，今西岗区创造街一带（图 1.58）。

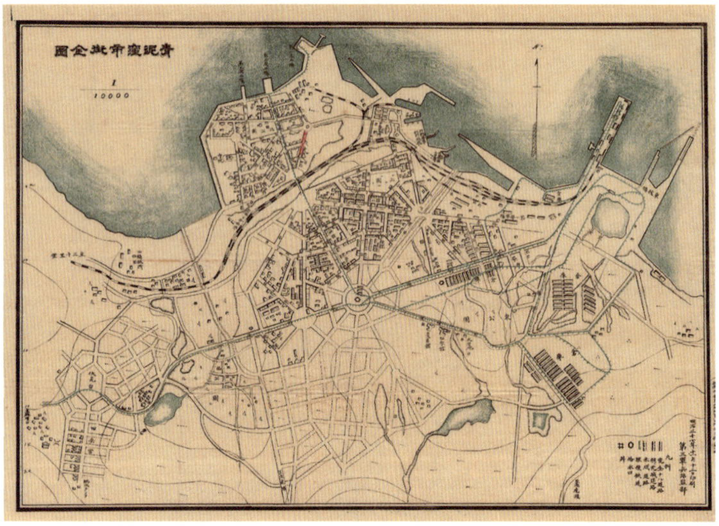

图 1.52　1904 年大连市街区图上第六临时观测所初建位置（标红区域为乃木町二丁目）

图 1.53 为 1910 年大连市街区图上测候所的位置示意图。

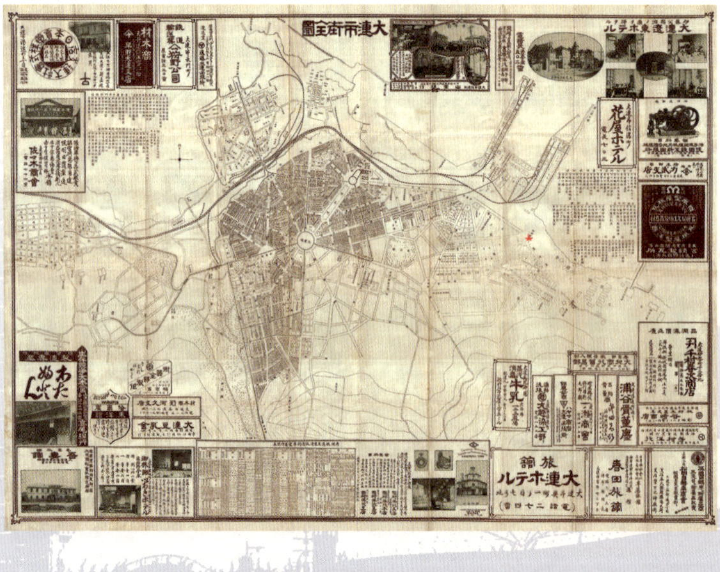

图 1.53　1910 年大连市街区图上测候所位置（标红）

1906年12月25日，测候所迁移至大连寺儿沟，地址在今天的二七广场附近（北纬38°56′，东经121°36′，海拔高度13.8米），1907年1月1日正式启用（图1.54—图1.57）。

① 图1.54　关东都督府观测所全景
② 图1.55　关东都督府观测所（寺儿沟）办公楼
③ 图1.56　关东都督府观测所（寺儿沟）办公楼背面
④ 图1.57　关东都督府观测所（寺儿沟）观测场

1918 年 1 月 1 日，观测所迁入日本街区八番町 35 番地，即今大连市气象局所在地（图 1.58—图 1.64）。

将 1936 年、1938 年的观测所照片与该时期之前的照片以及关东都督府观测所配置图对比可以看出，观测所办公楼已经扩建。

1925 年 1 月开始，南满铁道株式会社 27 个简易观测所的观测记录整理工作加入到大连观测所气象业务中。

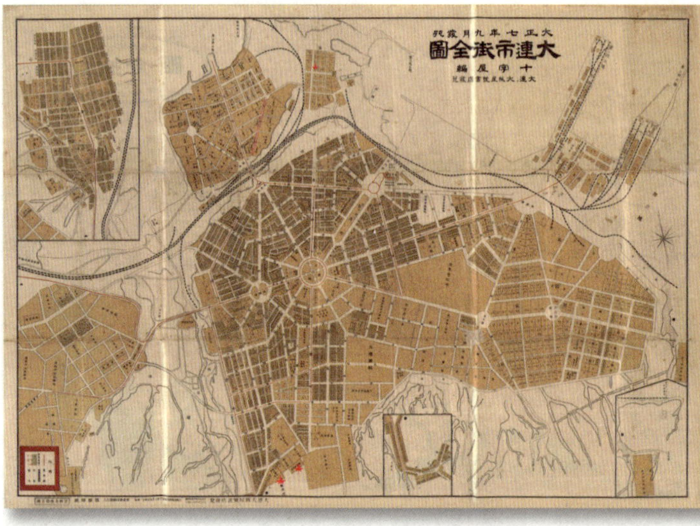

图 1.58　1918 年大连市街全图上测候所位置
（上方标红为原沙俄观测所位置，下方标红为关东观测所及宿舍位置）

图 1.59　1918 年 1 月 1 日关东观测所迁至大连市南山顶

图 1.60　远眺关东观测所（右上角处）

图 1.61　日占时期的南山关东观测所观测场

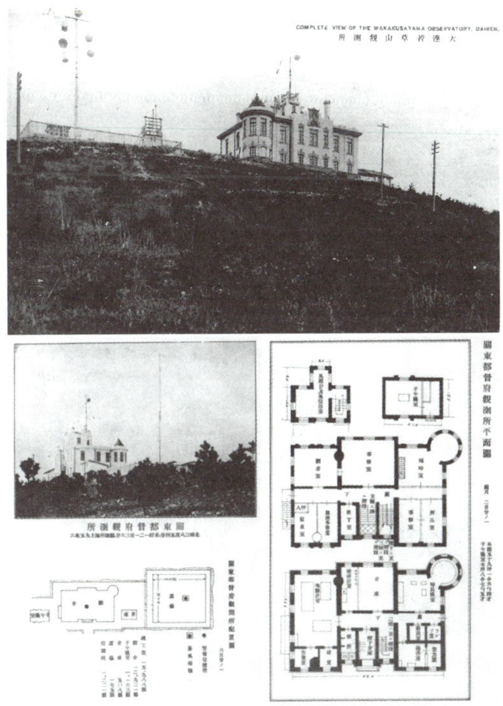

图 1.62　关东都督府观测所布局

图 1.63　1936 年关东观测所（渡桥供图）

图 1.64　1938 年的关东观测所（大连市气象局档案馆提供）

五、东北最早的上层气流观测

1929 年日本政府颁发了第 294 号敕令，认为根据时势进展，上层气流的观测不可或缺，所以增加 3 名专业技术人员从事上层气流观测。上层气流观测不仅应用于气象学及养殖产业、工业、一般交通设施运输，还涉及航空权、飞行航道的开拓、航空国防等，尤其对国防极为重要。1929 年 4 月，日本航空株式会社开通了东京—大连、东京—上海航空运输线，飞行当中需要实时的上层气流资料，大连率先开始了高层气流的观测和航空气象服务（图 1.65—图 1.68）。

图 1.65　关东观测所上层气流观测用房（大连市气象局档案馆提供）

图 1.66　气象工作者战淑珍在关东观测所上层气流用房前留影（右为照片提供者战淑珍）

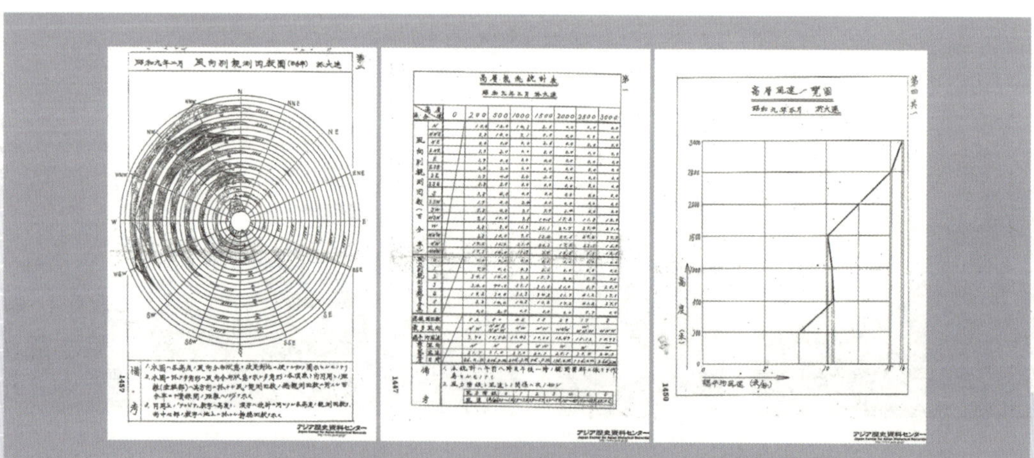

图 1.67　1934 年 2—3 月大连站高层气流观测部分统计资料

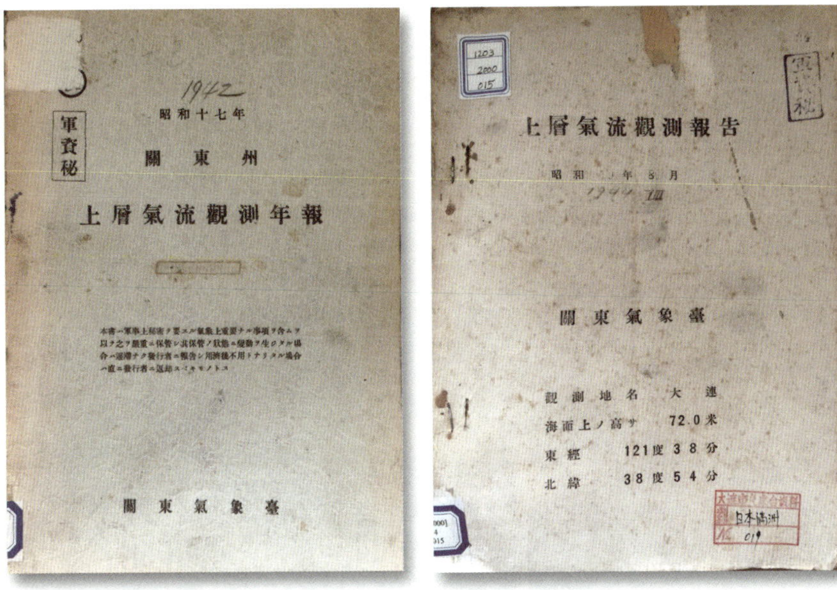

图 1.68　1942 年上层气流观测年报（左）和 1944 年 8 月上层气流观测报告（右）

中华人民共和国成立后，上层气流观测用房改成职工住宅，20 世纪 80 年代后期拆除，建成职工家属宿舍。

六、观测支所

日本中央气象台在大连设立第六临时观测所的同时，在营口设置了第七临时观测所（图 1.69），1904 年 9 月 30 日开始观测。

图 1.69　关东都督府测候所营口支所（现为营口百年气象陈列馆）

1905 年 5 月 26 日在旅顺设置第六临时观测所支所（图 1.70），7 月 17 日开始观测。

1905 年 7 月 17 日，旅顺支所租用一座建于 1902 年的俄式三层小楼（今旅顺口区斯大林路 3 号）开展业务，后归还给俄国人，并于 1910 年 1 月 1 日迁往新旅顺特宪地第七号新址，后称高崎町十八番地。

图 1.70　旅顺第六临时观测所支所

1905 年 4 月 6 日在奉天（沈阳）设置第八临时观测所（图 1.71），1905 年 5 月 1 日开始观测。

1908 年 11 月 20 日增设了长春观测支所（图 1.71），1932 年伪满洲国政府成立，长春为伪满洲国国都“新京”，长春观测支所改名为新京观测支所。

1933 年 12 月 24 日增设了四平街（四平）支所（图 1.72）。

1937 年 2 月 1 日增设了关东观测所周水子支所（图 1.73）。

图 1.74 为 1905 年日本文部省设置第六临时观测所旅顺出张（支）所的文件。

图 1.71　奉天（沈阳）支所（左）和长春支所（右）

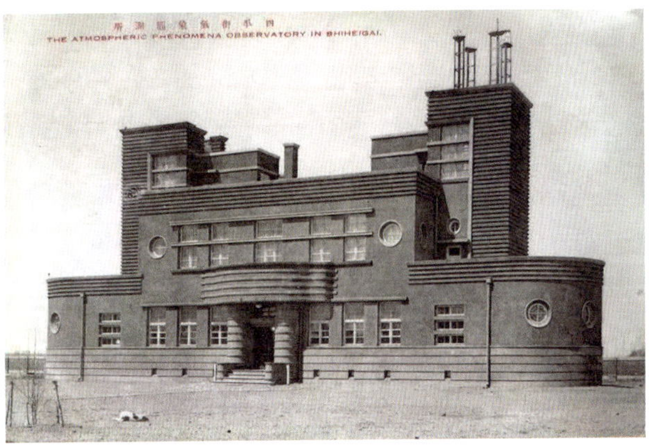

图 1.72　四平街（今四平）支所

图 1.73　关东观测所周水子支所

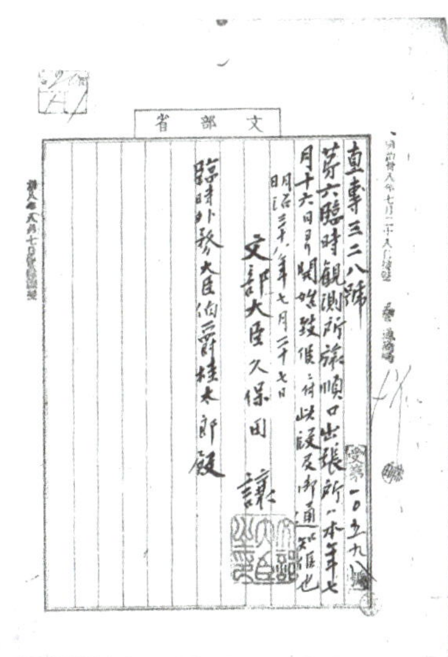

文部省

直専三二八號

第六臨時觀測所旅順口出張所本年七月十六日ヨリ開始致候ニ付此段及御通知候也

明治三十八年七月二十七日

文部大臣久保田讓

臨時外務大臣伯爵桂太郎殿

图 1.74　1905 年日本文部省设置第六临时观测所旅顺出张（支）所的文件

1905 年 10 月，日本在辽阳设立关东总督府。1906 年 5 月，关东总督府从辽阳迁至旅顺，8 月改称关东都督府，作为日本在中国东北实行军政统治的殖民机构。

1906 年 9 月 1 日，原属日本中央气象台的战时临时观测所、观测支所移交关东都督府管辖，改称测候所、测候支所。

1908 年，日本政府以第 273 号敕令施行关东都督府观测所体制，大连测候所改称关东都督府观测所，营口、奉天测候所改称观测支所。1919 年 4 月 12 日，依日本大正天皇第 94 号令撤销关东都督府、施行关东厅官制，并将观测所及各支所的名称相应改为关东厅观测所及关东厅观测所支所。1934 年前后，关东厅观测所改称关东观测所（据 1934 年《满洲气象报告》）。关东厅观测所是日本在伪满洲主持殖民化气象工作的常设机构，从成立到 1937 年日本政府对伪满废除所谓的治外法权为止，统治达 33 年之久。

1933 年 11 月 1 日，伪满洲国中央气象台成立。1937 年 12 月，日本政府实行所谓废除治外法权，将营口、奉天、长春、四平街 4 个关东支所移交给伪满中央气象台管辖。

日本还相继在大连设立了几个测候所：1930 年 1 月 1 日在金州关东厅农事试验场内设立简易观测所；1939 年 2 月 27 日设立貔子窝测候所（航空观测为主，兼地面观测），位于貔子窝财神庙街（今皮口镇建设街）；1939 年 12 月 30 日设立海洋岛测候所；1942 年在普兰店南山街设立关东观测所普兰店支所；1944 年 9 月设立万家岭观测所，位于复县万家岭村，为伪满洲国中央观象台奉天管区观象台所辖。

伪满观象台在东北地区采取委托制建有简易气象观测点 127 个，其中包括后来属于大连市的庄河县和复县观测点。每天定时（10 时）观测 1 次并记录，由关东观测所（大连）负责技术指导并汇总记录。

除观测业务外，关东厅所属观测所还包括预报、地震记录、授时、警报信号标等。根据日本昭和 7 年（1932 年）第 113 号敕令，关东厅观测所的业务包括观测、上层气流观测及调查、预报、地震、统计等。营口、沈阳、长春、旅顺 4 个分所的业务为观测、预报、地震记录、统计。

表 1.2 为关东厅系统主要观测所、观测支所。

表 1.2　关东厅系统主要观测所、观测支所

观测所名称	建站日期	北纬	东经	海拔高度 / 米	备注
大连	1904 年 9 月	38°54′	121°38′	95.6	
营口	1904 年 9 月	40°40′	122°14′	2.4	1937 年 12 月移交伪满中央气象台管理
奉天	1905 年 5 月	41°47′	123°24′	43.0	1937 年 12 月移交伪满中央气象台管理
旅顺	1905 年 7 月	38°47′	121°16′	80.1	
长春	1908 年 11 月	43°55′	125°18′	214.7	1932 年 11 月 1 日起更名为新京分所，1937 年 12 月移交伪满中央气象台管理
四平街	1933 年 12 月	43°11′	124°20′	162.8	今四平，1937 年 12 月移交伪满中央气象台管理
周水子	1937 年 2 月	—	—	—	

七、设立警报信号标

1908 年 2 月 13 日，日本睦仁天皇颁布第 11 号敕令——暴风雨标条例（图 1.75），并于 1908 年 4 月 1 日开始施行。为确保船舶及航线的安全，规定日本海军、重要港口、测候所等设置暴风雨标，具体位置由文部省大臣确定，并告知台湾、关东都督府。从 1911 年起，大连观测所及其旅顺支所在大连、旅顺陆续设立多个暴风及暴雨警报信号标（表 1.3、图 1.76、图 1.77）。警报信号标设立是预警信号发布的标志。

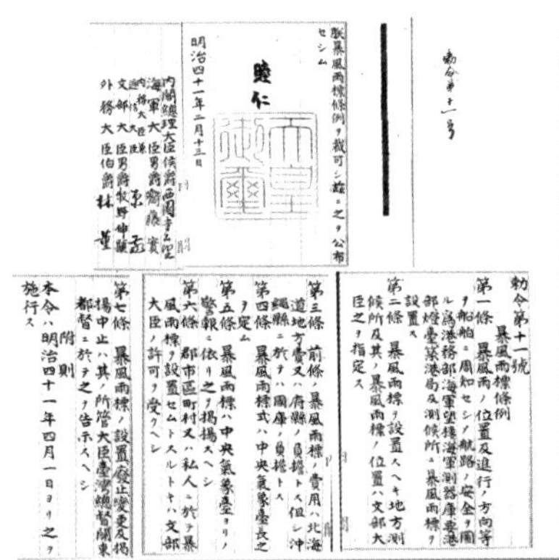

图 1.75　1908 年日本政府第 11 号敕令——暴风雨标条例

表 1.3　至 1932 年年末大连所建信号标

名称	地点	东经	北纬	标柱高度/米	建设日期
正式暴风警报信号标	大连市八番町三十五番地	121°38′	38°54′	24.7	1918 年 1 月 1 日
暴风警报信号标	大连港码头建筑院内	121°39′	38°56′	55.2	1921 年 1 月 1 日
暴风警报信号标	旅顺市盐岛町海岸	121°15′	38°48′	25.0	1911 年 1 月 1 日
暴风警报信号标	老虎滩会老虎滩 962 番地	121°14′	38°52′	20.0	1913 年 4 月 1 日
暴风警报信号标	貔子窝财神庙街	122°20′	39°24′	20.0	1929 年 10 月 15 日
暴风警报信号标	大连甘井子码头建筑院内	121°38′	38°58′	33.0	1930 年 8 月 1 日
暴风雨标	大连市八番町三十五番地	121°38′	38°54′	24.7	1918 年 1 月 1 日
暴风雨标	大连港码头建筑院内	121°39′	38°56′	55.2	1921 年 1 月 1 日
暴风雨标	大连甘井子码头建筑院内	121°38′	38°58′	33.0	1930 年 8 月 1 日
暴风雨标	旅顺市盐岛町海岸	121°15′	38°48′	23.9	1931 年 8 月 7 日

图 1.76　1911 年关东都督府大连信号标

图 1.77　大连埠头信号标与老虎滩暴风警报信号标

1922 年 7 月 25 日在大连港建立了报时信号标，如表 1.4 所示。

表 1.4　1922 年 7 月 25 日在大连港建立报时信号标情况

名称	地点	东经	北纬	标柱高度	建设日期
大连港报时信号标	大连码头建筑构内	121°39′	38°56′	37.5 米	1922 年 7 月 25 日

图 1.78 为 1941 年关东气象台印发的《气象便览》中的天气预报信号标。

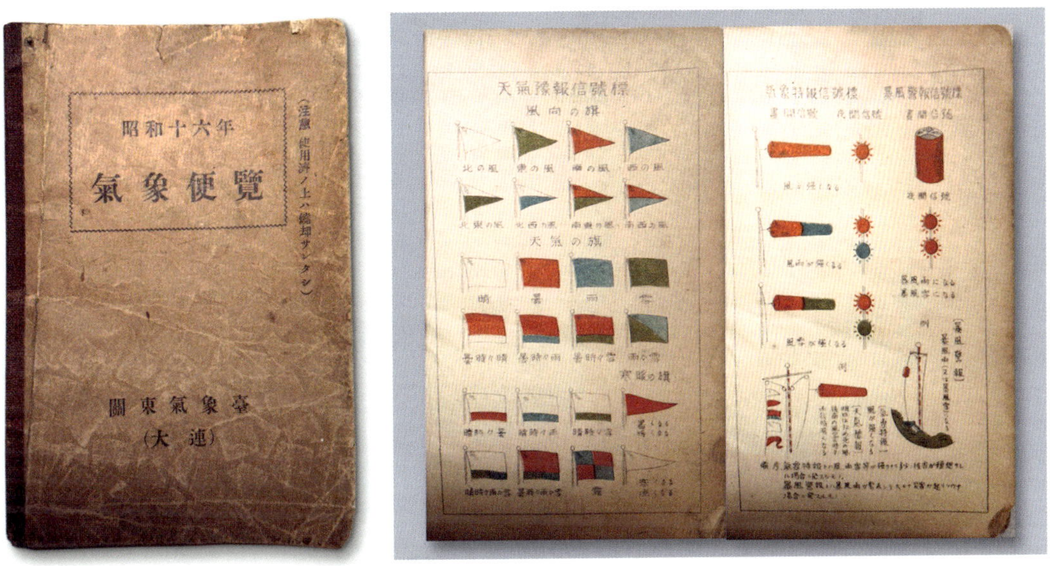

图 1.78　1941 年关东气象台印发的《气象便览》中的天气预报信号标

八、观测资料

在大连市气象局档案馆现存档案中，日伪时期的纸质档案很少，只有整编的《满洲气象报告》和关东观测所的工具书等。

关东观测所出版物中包括各个支所的气象资料以及委托观测所资料（图 1.79—图 1.83）。

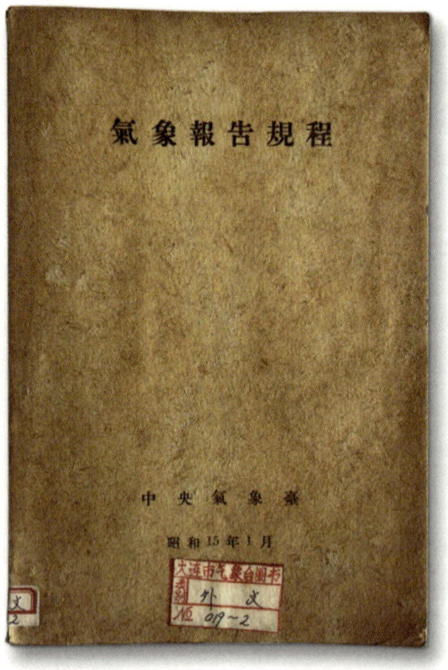

图 1.79 关东观测所使用的日本中央气象台 1940 年的《气象报告规程》

图 1.80 1938 年《满洲气象累年报告》(大连市气象局档案馆提供)

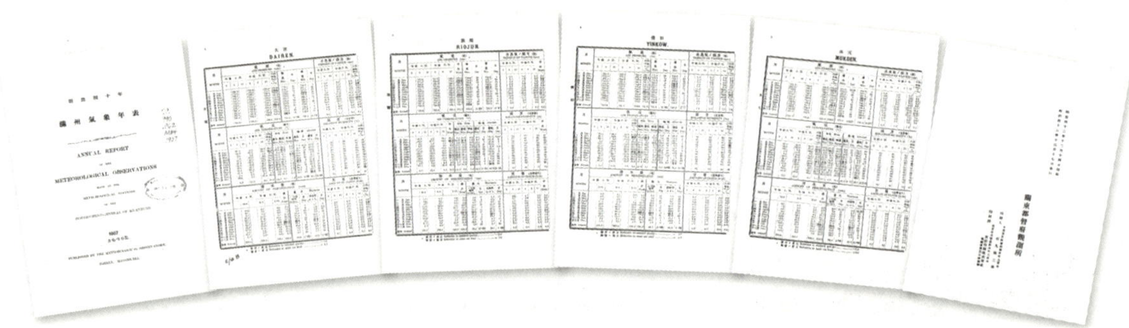

图 1.81 1907 年的《满洲气象年表》(原件存美国国家海洋大气局)

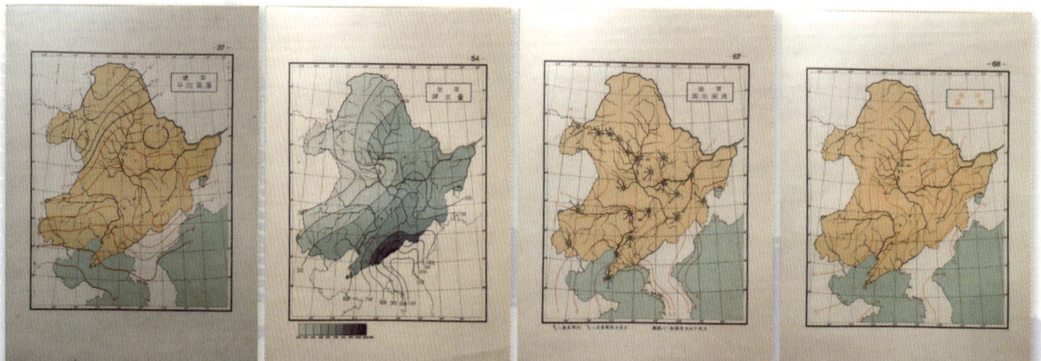

图 1.82 1933 年《满洲气象累年报告》(气温、降水、风、湿度)

图 1.83　1925 年《满洲气象月表》中的天气现象记号

1941 年，太平洋战争爆发，关东观测所及支所业务相继停止，大连观测所的观测业务持续到 1945 年 8 月 15 日（日本宣布无条件投降）。日占时期的大连观测所及旅顺支所被苏联红军接管，大连观测所停止了连续观测，苏军只在需要时进行观测；旅顺支所一直观测到 1955 年苏军撤走。1955 年 4 月，苏军撤离时带走了所有的气象历史资料。

第二篇

中华人民共和国成立后的大连气象观测

第四章　中华人民共和国成立后至改革开放前的气象观测（1950—1977 年）

中华人民共和国成立后，1949 年 12 月 8 日，中央军委气象局成立。1949 年 12 月 17 日，东北军区司令部气象管理处（简称东北军区气象处）成立，统管东北地区的气象工作。在中国共产党领导下，中华人民共和国的大连气象事业诞生，大连气象事业在百废待兴的情况下艰难起步[11-14]。

一、新建气象站

根据 1949 年 9 月 17 日东北人民政府农林部的指示，以及 1950 年 1 月 24 日中国人民解放军东北军区气象管理处《关于建立气象台的建议，希参照由》的文件，旅大行政公署农林厅开始筹建大连气象台。

1950 年 2 月成立大连气象台、建立大连气象站，气象台下设观测组，负责地面气象观测业务。因日伪时期气象台房屋被苏军占用，临时地址设在沙河口区兴工街 886 号，即原日伪时期的沙河口神社。大连气象站建立时为甲种站，位于北纬 38°55′，东经 121°35′，观测场海拔高度 31.8 米。1950 年 6 月 1 日新组建的气象台正式开展工作。从此，大连人民有了自己的气象事业。

1950 年 12 月 27 日，旅大市人民政府将大连气象台移交给东北军区司令部气象管理处。1951 年 9 月，东北军区司令部与旅大市人民政府商洽，将大连气象台列为旅大市人民政府建制，确定 10 月 1 日开始实行双重领导（图 2.1—图 2.3）。

1950 年 2 月初，旅大行政公署农林厅从有关单位选调了王赞焘（图 2.4）等 4 名气象技术人员，拟定了甲种气象站的工作方案。同年 3—4 月，先后从当时的初、高中毕业生中招收了王作新、李素勤等 9 名学员进行短期相关业务技术培训。

图 2.1　东北军区司令部气象处徽章及旅大市人民政府公用局大连海洋气象台徽章

图 2.2　沙河口神社旧址位置示意图

图 2.3　沙河口区兴工街 886 号大连气象台旧址

图 2.4　王赞焘工作证

1950 年 6 月 1 日 02 时大连气象台向沈阳发送了第一份气象电报。

图 2.5 是气象观测记录簿及观测记录。

根据人民的需要和旅大行署的指示，大连气象台要迅速发布天气预告，重点掌握台风的动向。因为没有合适的收报机，向新华社大连分社借得一台收报机，利用收听气象天气形势的方式，于 1950 年 7 月 1 日正式绘制天气图（图 2.6），开展简易天气预报。

1950 年 11 月 1 日，气象加密管制正式开始。

1951 年 8 月 1 日开始，为适应抗美援朝战争的需要，为志愿军提供气象保障，开展高空风观测，试运行小球测风业务。由于是试运行，初建站条件艰苦，记录簿是日伪时期留下来的，观测资料不连续，也未形成报表。1955 年 1 月 1 日，大连气象站正式开展高空风观测业务，使用德式经纬仪和国产绘图板进行小球测风（图 2.7、图 2.8）。

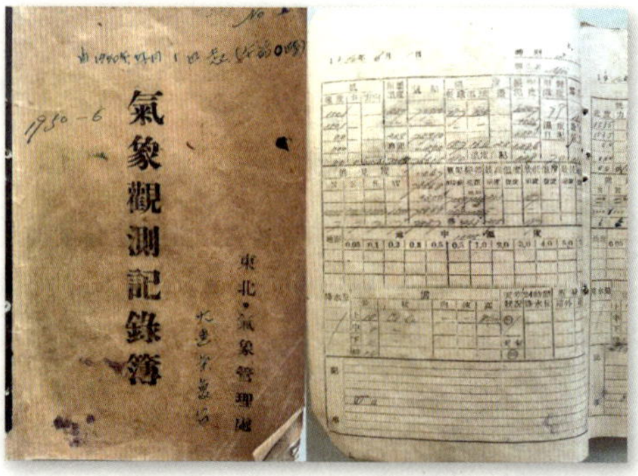

图 2.5　1950 年 6 月大连气象站气象观测记录簿（左）与 1950 年 6 月 1 日的观测记录（右）（大连市气象局档案馆提供）

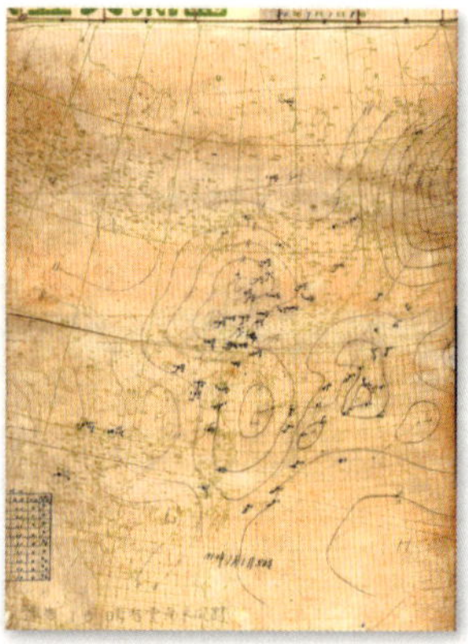

图 2.6　1950 年 7 月 1 日大连气象台第一张天气图（大连市气象局档案馆提供）

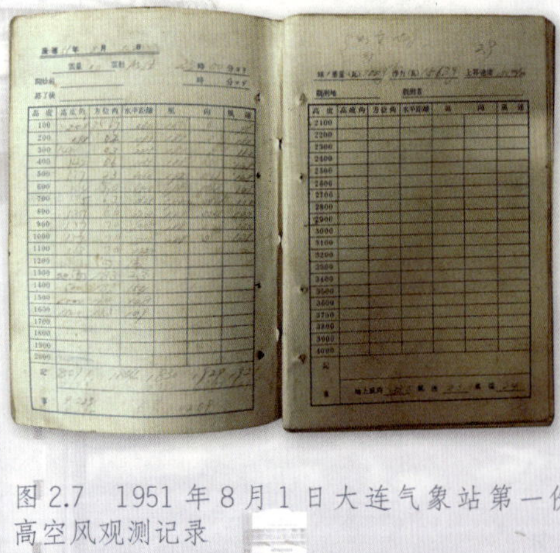

图 2.7　1951 年 8 月 1 日大连气象站第一份高空风观测记录

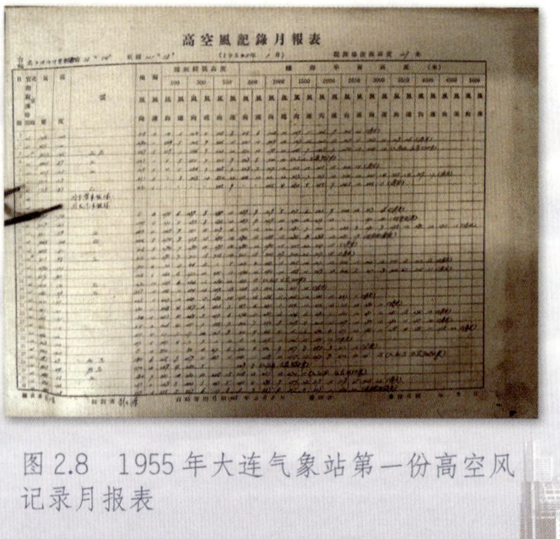

图 2.8　1955 年大连气象站第一份高空风记录月报表

二、迁址到南山气象台

由于沙河口区兴工街 886 号临时观测用房位于闹市区，厂房和居民住房密集、轨道交通车辆多、视野狭窄，难以保证观测和通信正常开展工作。1950 年 10 月，旅大市人民政府根据市气象台的建议，经与苏军有关方面协商，决定将苏军占用的南山原日伪时期的气象台及一切设备移交大连气象台使用。

1952 年 1 月 1 日，大连气象台由沙河口区兴工街 886 号迁址到中山区武昌街铁山巷 86 号（即南山气象台，今大连市中山区气象街 2 号），并从 1 月 1 日 00 时开始工作。此观测站址距沙河口区兴工街 886 号站址 4.5 千米，位于北纬 38°54′、东经 121°38′，海拔高度 95.6 米（图 2.9）。

图 2.9　1952 年 1 月 1 日迁址到南山气象台

图 2.10 为大连海洋气象台预报室人员合影，后排左起为张秀德、侯安盛、丛丽珠，前排左起为周民源、战淑珍、刘文淑。

图 2.10　1952 年 6 月 2 日大连海洋气象台预报室人员合影（战淑珍提供）

图 2.11 为旅大军事部海洋气象台观测组人员合影，后排左起为朱清泉、李宪忠、钱兆水、王慧麟、李素勤，前排左起为孙国基、王作新、张福海、王肇义。

图 2.11　1953 年 1 月 14 日旅大军事部海洋气象台观测组人员合影（李素勤提供）

1952 年 6 月 26 日成立了防台防汛指挥部并拟定了危险天气警报、台风警报发布办法（图 2.12）。

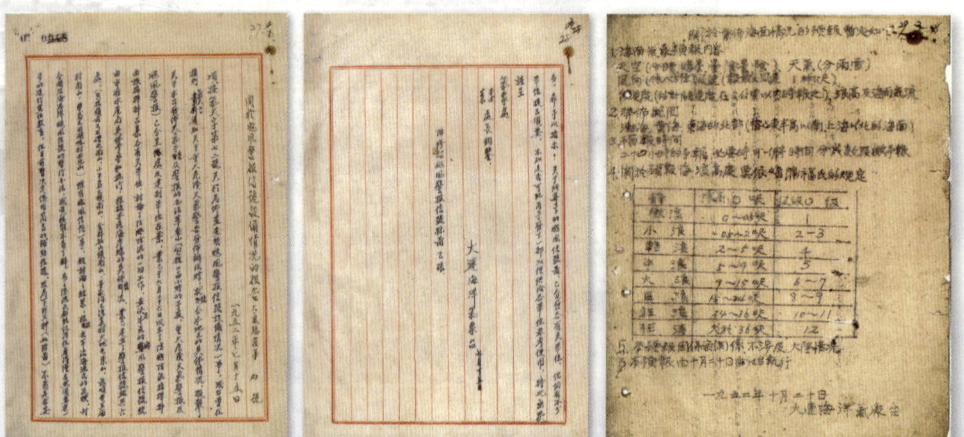

图 2.12　危险天气警报、台风警报发布办法

1953 年 5 月 19 日，东北军区旅大军事部扩编为中国人民解放军东北军区旅大警备司令部，东北军区旅大军事部气象台归旅大警备司令部领导，并更名为旅大警备司令部海洋气象台。图 2.13 为 1953 年 7 月 1 日东北军区旅大警备司令部海洋气象台全体人员合影。

图 2.13　1953 年 7 月 1 日东北军区旅大警备司令部海洋气象台全体人员合影

1953 年 8 月 1 日，中央人民政府政务院和人民军事委员会联合发布命令，决定气象部门从军队建制转为政府建制。1953 年 10 月起，大连海洋气象台转为地方建制（图 2.14），由中国人民解放军东北军区旅大警备司令部转由大连市人民政府农林局管理。转制后，气象台既为国防服务，又为地方经济建设服务。

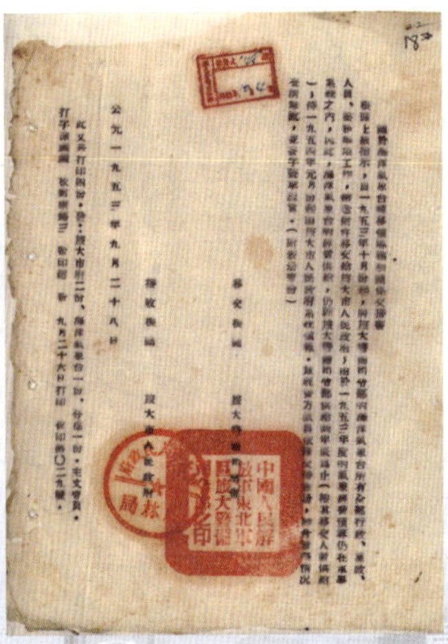

图 2.14　海洋气象台转移领导建制关系的交接书

图 2.15—图 2.17 为相关业务规范、规定和管理办法。

图 2.15　1956 年印发的气象观测规范

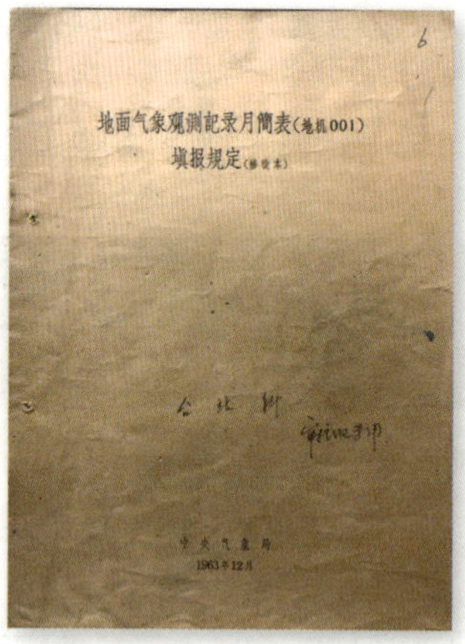

图 2.16　1963 年 12 月印发的《地面气象观测记录月简表填报规定》

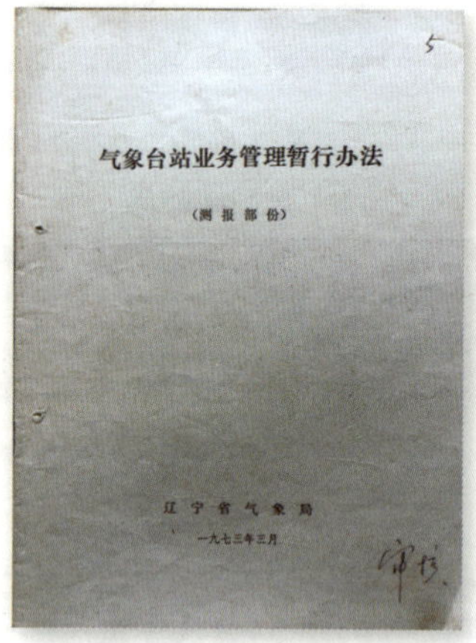

图 2.17　1973 年 3 月印发的《气象台站业务管理暂行办法》

三、迁址到大连湾

南山的条件虽然比沙河口好，但观测场面积只有 90 平方米，周围都是小山、树丛，仍达不到规范规定的观测记录须具有代表性、准确性和比较性的要求。1957 年 1 月 1 日，大连气象站迁址到大连湾南山海滨（北纬 39°01′，东经 121°43′，海拔 62.4 米），距大连市内原观测站 16.5 千米（图 2.18）。

图 2.18　大连湾南山海滨观测场

碧海山庄（图 2.19）是大连气象站旧址所在地。据当时的气象站迁址大连湾主要参与者——观测员夏维信回忆，大锚的位置即为当时的观测场位置。

图 2.19　在原大连湾观测场旧址建设的碧海山庄景区

在大连气象站迁至大连湾的同时，根据服务需要，1957 年 4 月 15 日起，南山观测站址恢复每日 01、07、13、19 时的定时气候观测，直至 1969 年 3 月 31 日。

图 2.20 的降水量观测仪器是采用苏式雨量器（有防风圈），仪器安装高度距地 2 米，大连气象站 1954—1961 年均使用该型号仪器。

1957 年 1 月 1 日，大连探空站迁至大连湾南山海滨，1969 年 4 月 1 日又迁回大连市内原址。经纬仪小球测风业务持续到 1975 年停止。期间，大连气象站对经纬仪小球测风业务进行了革新，使原本需要 2 人的经纬仪小球测风业务减少到 1 人，且可以坐着观测（图 2.21）。

图 2.20　20 世纪 50 年代的雨量观测

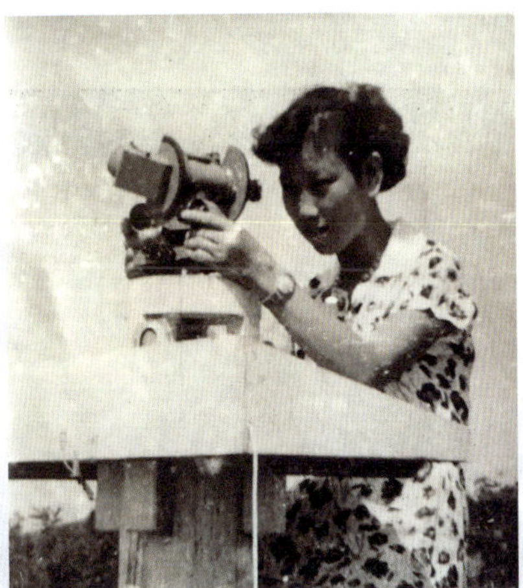

图 2.21　20 世纪 60 年代的经纬仪小球测风

1963 年 1 月 1 日，大连日射观测站正式成立，地点在金县大连湾，观测项目为总辐射。观测仪器为Ⅱ3X3 型天空辐射表和指针式总辐射记录器（ΓCA–1 型指针式电流表），执行中央气象局观象台印发的《乙种站日射观测方法》。1966 年 7 月 8 日因仪器故障缺测，后因“文化大革命”观测中断，1970 年 3 月 1 日恢复观测，站址迁移到旅大市气象台院内（图 2.22）。

图 2.22　20 世纪 60 年代的日射观测

20 世纪 50 年代至 60 年代初，孙国武担任大连气象站站长，他是大连湾选址建站的主要参与者。1957 年，孙国武荣获全国气象先进工作者称号，受到毛主席的接见。1958 年 6 月，在沈阳中心气象台召开的全省各台站代表“气象大跃进打擂誓师大会”上，孙国武上台，宣誓“一辈子不出错情”。当时轰动全场，事实证明，在他调出大连之前的几年中真的没有出现任何错情，实现了他作为全国气象先进工作者的誓言。孙国武后担任中国气象局兰州干旱气象研究所研究员、博士生导师（图 2.23、图 2.24）。

图 2.23　20 世纪 50 年代的大连气象站站长孙国武

图 2.24　1957 年孙国武（2 排右 11）获得全国气象先进工作者称号，受到毛主席接见

四、重迁回南山

大连湾时期的观测场位于海滨的一个小山顶上，三面环海，一面与陆地相连。经过几年观测对比，该处测得的气温、湿度和风等气象要素代表性较差。经中央气象局批准，1969 年 4 月 1 日，大连湾地面和高空气象观测站重新迁回大连市内现址。由于南山的观测场西北角距办公楼只有 5 米，且场地又小，极不规范，故将观测场东移 30 米，并将面积扩大为 320 平方米。1975 年 10 月 1 日，根据中央气象局对国家基本站观测场的要求，观测场再次东移 16 米，面积扩大为 625 平方米，实测观测场海拔高度 92.8 米。直到今天，观测场的位置和规模一直没有变化。1988 年 9 月 26 日，观测场海拔高度按照国家水准标高重新测得为 91.5 米（图 2.25—图 2.27）。

图 2.25　1949 年以后大连气象站三次搬迁示意图

图 2.26　20 世纪 70 年代的气象观测（王荣基提供）

图 2.27　20 世纪 70 年代维修日射观测仪器（吴远智　摄）

1955—1973 年，大连探空站的观测任务是获取高空风资料，观测方法是“小球测风”，即用经纬仪跟踪随风漂浮的小型气球，读取每分钟小球位置，用绘图板计算高空风向风速，直到不可见为止。小球测风主要用测风经纬仪、测风绘图板、通信对讲耳机等设备（图 2.28、图 2.29）。

图 2.28　探空用经纬仪

1974 年 1 月 1 日起，大连探空站正式接管了由旅顺 4005 部队移交过来的综合测风业务，同时进行探空和测风综合观测，01 时仍采用经纬仪小球测风方式观测持续至 1975 年年底。在此之前，1957 年 4 月 1 日至 1973 年 12 月 31 日，4005 部队气象台参加全国发报，即将所得的探空资料发往中央气象局，供全国各气象台使用。此项工作移交给大连市气象台后，4005 部队气象台在技术方面给予大连市气象台很大帮助（图 2.30）。

1976 年 1 月 1 日，改用 701 探空雷达进行高空探测，可以为气象预报服务提供更加丰富的探空资料。1988 年大连探空组升格为探空站。

卫星气象监测业务（即卫星云图接收业务）始于 1974 年，使用 WT-1 型卫星云图接收机接收美国第 3 代极轨气象卫星发回的云图资料。1977 年 7 月起，改用 WT-2 型卫星云图接收机接收 GMS 发送的日本地球静止气象卫星低分辨率和高分辨率卫星云图资料（1988 年停用）。WT-2 型卫星云图接收机将卫星信号处理后扫描在暗盒里的相纸上，经暗房冲洗、烘干，传送给预报员（图 2.31、图 2.32）。

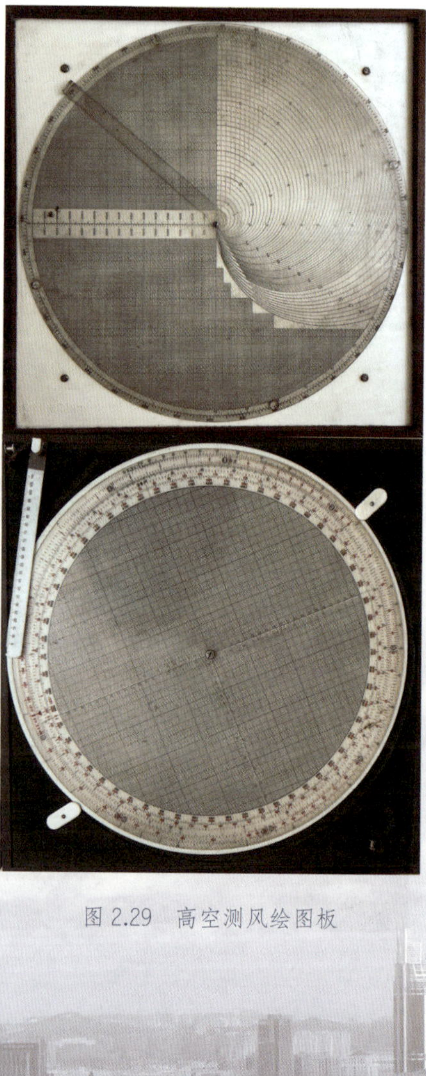
图 2.29　高空测风绘图板

图 2.30　1971 年大连探空组与 4005 部队人员合影（左）及移动式测风雷达（701）车和放球时情形（右）（吴远智　摄）

图 2.31　20 世纪 70 年代地面气象观测场及极轨卫星接收天线（战淑珍提供）

图 2.32　20 世纪 70 年代极轨卫星接收天线（吴远智　摄）

图 2.33 为 20 世纪 70 年代气象无线电电码接收，图 2.34 为 20 世纪 70 年代填图员将接收的气象电码手工填写到天气图上，供预报员天气分析。

大连市及其周边地区是我国北方暴雨、冰雹、飑线、雷雨大风等灾害性天气多发区，天气雷达在气象预报、服务、突发强对流天气预警及人工影响天气作业等方面发挥了极其重要的作用。

1975 年 7 月，在气象台东山成功架设了由无锡无线电厂生产的 711 型 X 波段天气雷达（图 2.35），并成立了雷达组，1988 年雷达组升格为大连天气雷达站。

图 2.33　20 世纪 70 年代气象无线电电码接收

图 2.34　20 世纪 70 年代手工填图

图 2.35　1975 年 7 月建成 711 型测雨雷达（吴远智　摄）

第五章　改革开放时期的气象观测（1978—2001 年）

1978 年中国共产党十一届三中全会以来，中国全面实行了改革开放政策，各行各业快速发展，大连气象事业沐浴着改革开放的春风，秉承“科学技术是第一生产力”理念，跟随着祖国科技发展的脚步，到 20 世纪末，气象业务现代化水平实现了较大的提升，呈现出欣欣向荣的局面。20 世纪 80 年代建成了 713 测雨雷达、同步卫星接收设备，情报传递、卫星接收、预报方法不断改进，观测、预报能力不断提升。图 2.36—图 2.43 为地面观测和探空观测。

① ②
③ ④

① 图 2.36　20 世纪 80 年代初地面气象观测
② 图 2.37　20 世纪 80 年代初地温观测
③ 图 2.38　20 世纪 80 年代地温观测
④ 图 2.39　1991 年 1 月 8 日 08 时测量积雪密度

① 图 2.40　20 世纪 80 年代初施放高空气象探测气球

② 图 2.41　20 世纪 80 年代 701 探空雷达（周学明提供）

③ 图 2.42　20 世纪 80 年代大连探空站人员合影（周学明提供）

④ 图 2.43　2000 年地面气象观测（李光亮　摄）

1984—1985 年，地面、高空业务分别用上了 PC-1500 型袖珍计算机，地面高空探测开始进入计算机编报时代，结束了此前采用手工查算、编报、算盘及计算器统计计算的历史。但作为应急备份手段，仍然要求观测员有手工查算与编发气象电报的技能。1988 年开始，微型计算机用于编制地面、高空气象月报表（图 2.44）。

1984 年 9 月，国务院批准设立大连经济技术开发区（中国第一个国家级经济技术开发区），为做好开发区规划布局气象服务，开展了地面、高空气象观测（图 2.45）。

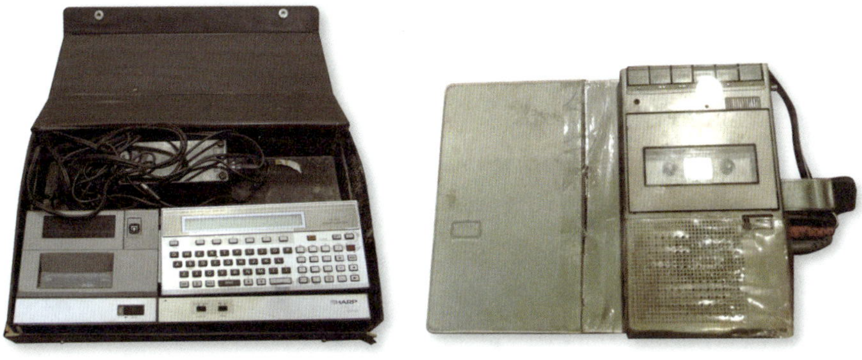

图 2.44　PC—1500 计算机及程序输入录音机

图 2.45　1984 年在马桥子开展地面、高空观测（王作新　摄）

依据国家气象局文件《关于征求基准气候站开展基准气候观测意见的函》（气候发 [1991]97 号），1993 年 1 月 1 日，大连观测站调整为国家基准气候站，实行 24 小时观测与守班。依据中国气象局综合观测司文件《观测司关于部分国家级地面气象观测站站点基本信息变更的通知》（气测函 [2012]298 号），2013 年 1 月 1 日，大连气象站调整为国家基本气象站（图 2.46）。

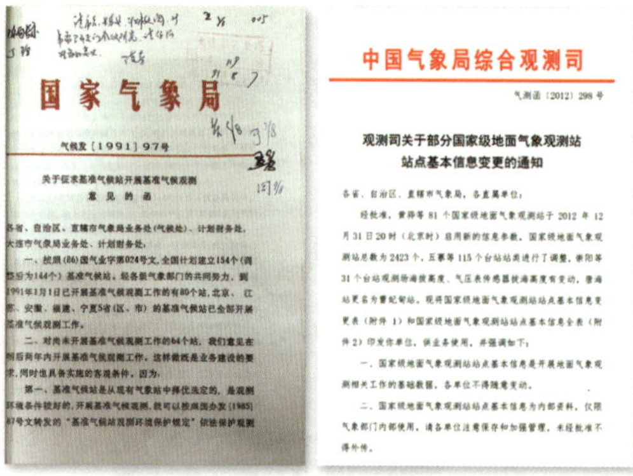

国家气象局

气候发〔1991〕97号

关于征求基准气候站开展基准气候观测意见的函

各省、自治区、直辖市气象局业务处（气候处）、计划财务处，大连市气象局业务处、计划财务处：

一、按照（86）国气业字第024号文，全国计划建立154个（调整后为144个）基准气候站，经各级气象部门的共同努力，到1991年1月1日已开展基准气候观测工作的有80个站，北京、江苏、安徽、福建、宁夏5省（区、市）的基准气候站已全部开展基准气候观测工作。

二、对尚未开展基准气候观测工作的64个站，我们意见在今后两年内开展基准气候观测工作，这样做既是业务建设的要求，同时也具备实施的客观条件，因为：

第一、基准气候站是从现有气象站中择优选定的，是观测环境条件较好的，开展基准气候观测，既可以按照国办发〔1985〕87号文转发的"基准气候站观测环境保护规定"依法保护观测

中国气象局综合观测司

气测函〔2012〕298号

观测司关于部分国家级地面气象观测站站点基本信息变更的通知

各省、自治区、直辖市气象局，各直属单位：

经批准，黄骅等81个国家级地面气象观测站于2012年12月31日20时（北京时）启用新的信息参数。国家级地面气象观测站总数为2423个，五寨等115个台站站类进行了调整，[illegible]等31个台站观测场海拔高度、气压表传感器拔海高度有变动，唐海站更名为曹妃甸站。现将国家级地面气象观测站站点基本信息变更表（附件1）和国家级地面气象观测站站点基本信息全表（附件2）印发你单位，供业务使用，并强调如下：

一、国家级地面气象观测站站点基本信息是开展地面气象观测相关工作的基础数据，各单位不得随意变动。

二、国家级地面气象观测站站点基本信息为内部资料，仅限气象部门内部使用，请各单位注意保存和加强管理，未经批准不得外传。

图 2.46　关于大连观测站类调整的文件

图 2.47、图 2.48 为 20 世纪 80 年代气象传真图接收情形。

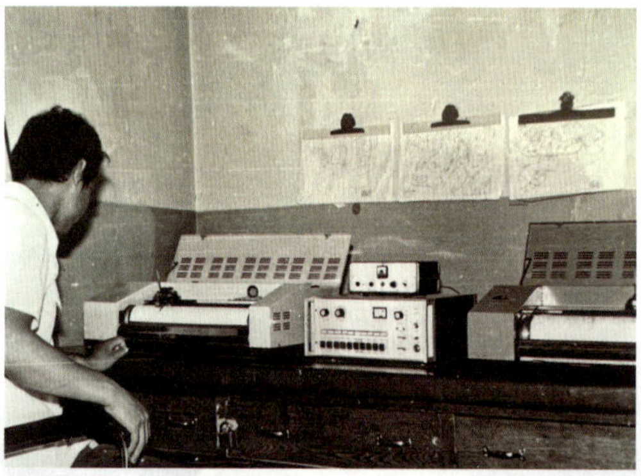

图 2.47　20 世纪 80 年代初气象传真图接收

图 2.48　20 世纪 80 年代初国产 114 型无线传真收片机（王作新　摄）

随着科技不断进步，1988 年之后，我国发射了自己的风云系列气象卫星，使用华云气象卫星云图处理系统，可将处理后的卫星信号直接在计算机上显示彩色云图，为天气预报提供了更新更好的观测手段（图 2.49、图 2.50）。

1981 年 7 月 26 日凌晨至 28 日下午，大连市降了一场特大暴雨，其雨量之大、雨势之猛、灾害之重均为历史罕见。主要降水时段在 27 日 08 时到 28 日 08 时，最大降雨中心在普兰店市同益公社西韭大队，过程降水量为 644 毫米（图 2.51）。

图 2.49　20 世纪 80 年代卫星云图接收

图 2.50　20 世纪 80 年代卫星云图接收（王作新　摄）

1985 年 8 月 19 日 19—24 时，8509 号台风在大连至旅顺口之间登陆，由南向北横扫大连全境，风力 9 ～ 10 级，最大阵风达 12 级，持续 6 个多小时。全市普降暴雨到特大暴雨，一般降水量 150 ～ 200 毫米，最大 360 毫米（图 2.52）。

图 2.51　1981 年 7 月 28 日 11 时红外卫星云图

图 2.52　1985 年 8 月 19 日 17 时红外卫星云图

图 2.53—图 2.55 为 20 世纪 80 年代整理观测资料和发报情形。

图 2.53　20 世纪 80 年代初整理观测资料（王作新　摄）

图 2.54　20 世纪 80 年代初在报房发报

图 2.55　20 世纪 80 年代用微机拍发观测报文（王作新　摄）

1980 年大连气象台建成了 713 测雨雷达，由原 711 型换型为桂林机器厂 713 C 波段天气雷达。1992 年 713 雷达进行了数字化改造，至 2002 年 5 月退役，服务了 22 年（图 2.56、图 2.57）。

图 2.58—图 2.60 是不同年代大连市气象局办公楼及外景。

图 2.56　1983 年维修 713 测雨雷达（李勇提供）

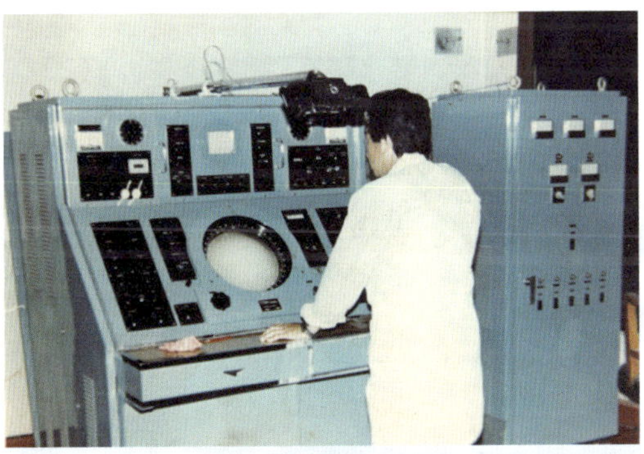

图 2.57　1986 年 713 测雨雷达室内接收端（王作新　摄）

图 2.58　20 世纪 80 年代大连市气象局办公楼（王作新　摄）

图 2.59　1997 年大连市气象局办公楼（原日伪时期的测候所办公楼）

图 2.60　1997 年大连市气象局外景（李光亮　摄）

第六章　自动化、现代化发展的大连气象观测（2002—2023 年）

进入 21 世纪，大连气象业务现代化建设突飞猛进，气象事业日新月异，通过持续科技创新，实现了跨越式发展。大连气象站被认定为百年气象站，大连气象观测业务趋向自动化、综合化、一体化。

一、地面气象观测

2002 年，大连市气象部门开始实施自动气象站建设。2002 年 9 月 25 日，大连自动气象站建设完成，并于 2002 年 12 月 31 日 20 时开始运行，绝大部分气象要素实现了自动观测。至 2004 年 12 月 31 日，大连自动气象站完成了为期 2 年的自动与人工平行观测，2005 年 1 月 1 日自动站正式单轨运行（图 2.61、图 2.62）。

由于气象探测自动化的快速发展，大连气象观测业务工作逐步告别了过去的观测、编报、报表制作、资料统计模式，人工观测逐步被自动观测所取代，基本形成以自动

图 2.61　大连气象站自动气象站建成（摄于 2002 年 9 月 25 日）

图 2.62　2002 年大连气象站自动气象站建成后进行防雷检测

观测为主，人工观测为辅的并行运行模式。台站原来相对独立的地面、高空、大气成分观测业务已融为一体，观测业务向自动化、综合化、一体化发展。人工主要负责仪器设备维护维修、运行监控、质量控制、数据资料分析、设备维护保障，自动化、智能化发展成为大趋势（图 2.63—图 2.66）。

① 图 2.63　2004 年 7 月 20 日大连气象站地面观测场
② 图 2.64　地面温度人工自动对比观测
③ 图 2.65　冬季降水量观测
④ 图 2.66　2007 年开始进行闪电定位监测

2012年4月1日，大连国家基准气候站根据中国气象局、辽宁省气象局的文件要求，进行了地面气象业务调整，云、能见度人工定时观测次数由每日24次调减为8次（02、05、08、11、14、17、20、23时），天气现象的夜间连续观测调整为4次正点观测（20、23、02、05时），保留白天连续观测。压、温、湿、风自记停止观测（图2.67—图2.70）。

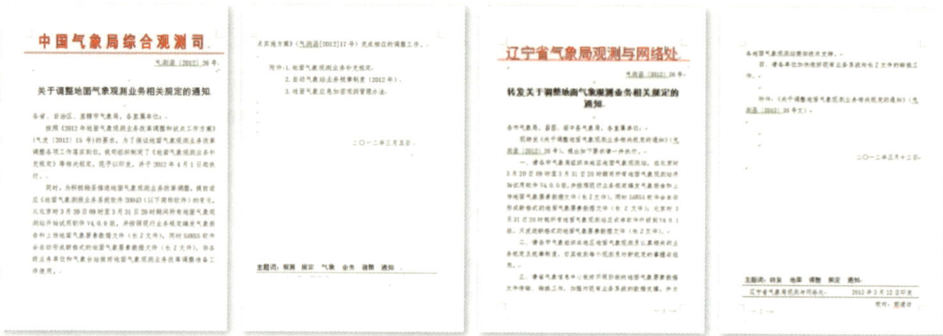
中国气象局综合观测司

关于调整地面气象观测业务相关规定的通知

辽宁省气象局观测与网络处

转发关于调整地面气象观测业务相关规定的通知

图2.67　2012年中国气象局和辽宁省气象局关于地面气象观测业务调整的文件

图2.68　2012年11月1日开始使用称重式降水传感器

图2.69　2012年12月21日观测场地维护

图2.70　2012年12月28日大连气象站业务学习

2013 年 1 月 1 日（实际时间 2012 年 12 月 31 日 20 时），大连首套新型自动气象站在大连站正式投入业务运行，实现了两套自动站“一主一备”的运行模式，已实现自动观测的人工器测设备退出了业务。大连站台站级别变为大连国家基本气象站(图 2.71)。

图 2.71　2012 年 12 月 31 日 20 时地面新型自动气象站切换

随着 2012 年开始的地面气象观测业务改革的不断深入，气象观测员的职责发生了很大的变化，逐步向仪器设备维护维修、运行监控、数据质量控制、数据资料分析、观测产品制作等方向转型，从传统的普通观测员向天气监测员、装备保障员、质量控制员转变（图 2.72）。

图 2.72　2013 年建成的综合气象观测业务平台

2020 年 3 月 31 日 20 时，大连国家基本气象站最后一组包含人工观测报文发出，地面气象观测进入自动无人值守时代（图 2.73—图 2.75）。

图 2.73　2020 年 3 月 31 日 20 时地面气象观测最后一份人工报文发报现场

图 2.74　2021 年地面高空业务平台

图 2.75　2021 年观测业务学习

二、高空气象观测

2005 年 11 月 1 日开始使用 L 波段探空雷达，2018 年建成探空自动放球系统，仪器设备的环境、探空业务现代化向前迈进了一步（图 2.76—图 2.79）。

图 2.76　2003 年施放 59-701 系统探空气球

图 2.77　2005 年建成的 L 波段探空雷达、探空备份接收设备及施放探空气球

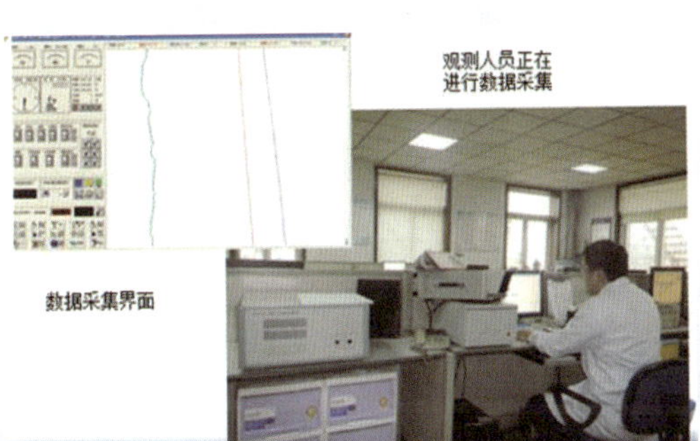

图 2.78　L 波段雷达观测数据采集

图 2.79　2018 年建成的探空自动放球系统

三、大气成分观测

2004 年，大连市气象局从中韩沙尘暴联合监测项目开始，陆续开展了大气成分业务。2004 年 7 月 23 日，中韩合作沙尘暴观测方舱建成（图 2.80、图 2.81）。

图 2.80　2004 年 7 月 20 日法国专家实地考察大连市气象局沙尘暴观测方舱（李光亮　摄）

图 2.81　2004 年 7 月 23 日法国专家与中国气象局、大连市气象局技术人员合影（李光亮　摄）

中韩合作沙尘暴观测项目包括激光雷达气溶胶观测、PM_{10} 颗粒物质量浓度监测、总悬浮颗粒物 TSP 监测（图 2.82—图 2.84）。2005 年 5 月 1 日，这些观测项目正式业务运行。

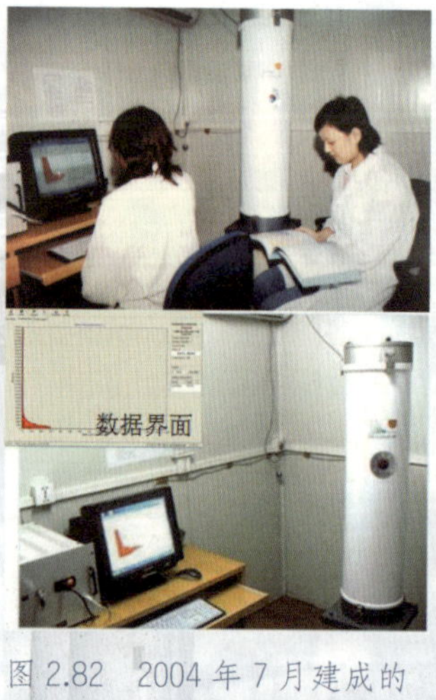

图 2.82　2004 年 7 月建成的 CE370-2 型激光雷达观测及数据界面

图 2.83　2004 年 9 月建成的 TEOM1400a 型 PM_{10} 颗粒物质量浓度监测仪

图 2.84　2012 年韩国 KOICA 人员查看 TSP 采样器

2005 年 11 月底，大连站建成 AE-31 黑碳自动观测仪器（图 2.85）。2006 年建成便携式气溶胶采样观测器（图 2.86）。2007 年建成 CE-318 型太阳光度计（图 2.87）。

① | ② | ③

① 图 2.85 2005 年 12 月开始的黑碳气溶胶观测

② 图 2.86 2006 年建成的便携式气溶胶采样观测器

③ 图 2.87 2007 年建成的 CE-318 型太阳光度计

2019 年建成 I 型酸雨自动观测系统，2020 年试运行。2021 年 2 月 1 日开始酸雨的自动与人工平行观测。2022 年 6 月 1 日起开展酸雨自动观测系统业务运行，同时取消酸雨人工观测，人工酸雨观测作为自动仪器出现故障时的备份使用（图 2.88、图 2.89）。

图 2.88 酸雨采样测量

图 2.89 2019 年建设了 I 型酸雨自动观测系统

2018 年 11 月，完成中韩沙尘暴联合监测项目观测方舱及观测设备升级改造，激光雷达设备换型为希腊 Raymetrics 公司型号 LB201-D200 偏振激光雷达，PM_{10} 分析设备换型为韩国 KENTEK 公司 MEZUS610 型 PM_{10} 颗粒物分析仪（图 2.90）。

图 2.90　2018 年 11 月完成沙尘暴观测方舱、激光雷达、PM_{10} 颗粒物分析仪升级换型

大连国家基本气象站是中韩合作沙尘暴观测站，自 2004 年中韩沙尘暴观测站建成以来，韩方多次组织人员来我方安装仪器、标校、巡检、交流等，我方业务管理与台站技术人员多次赴韩参加培训和对外交流（图 2.91—图 2.98）。

图 2.91　2012 年韩国 KOICA 来大连验收沙尘暴观测方舱改造项目

图 2.92　2015 年韩国专家来大连市气象局巡检仪器

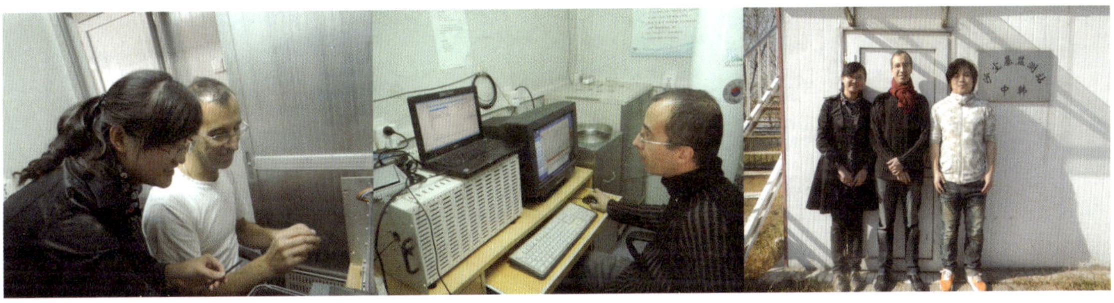

图 2.93　2013 年法国专家来大连市气象局更换激光发射器

图 2.94　2010 年大连市气象局业务管理和技术人员在韩国参加沙尘暴观测业务培训

图 2.95　2010 年大连市气象站王静赴韩国首尔参加沙尘暴观测技术培训

图 2.96　2012 年大连气象站艾青赴韩国参加沙尘暴观测技术培训

图 2.97　2016 年大连气象站刘广强赴韩国参加沙尘暴观测技术培训

图 2.98　2018 年 12 月 17 日大连市气象装备保障中心宋军赴韩国参加学术交流

四、遥感观测

2003 年 9 月，大连新一代多普勒天气雷达（成都 784 厂，CINRAD/SC 型）建成运行（图 2.99）。

图 2.99　2003 年 9 月建成新一代多普勒天气雷达

2015 年，大连新一代天气雷达由 SC 型升级为 SA 型（图 2.100）。2022 年，大连新一代天气雷达升级为双偏振雷达（图 2.101）。

2003 年，由大连市政府出资购置了世界上最先进的卫星资料接收处理系统——EOS/MODIS（图 2.102）。该系统接收美国 EOS 系列极轨卫星播发的成像光谱仪观测数据。

图 2.100　2015 年天气雷达升级换型（SC 型换为 SA 型）

图 2.101　2022 年升级为双偏振雷达

图 2.102　2003 年建成的办公楼（楼上的圆球为 EOS/MODIS 系统天线）

2003 年建成 DVB-S 卫星数据广播应用系统，采用 VAST 系统通信方式（图 2.103）。之后又引进了 HY-1A 气象卫星接收机等，这些卫星接收设备的投入使用，提高了对灾害性天气的监测、预警能力。

图 2.104 为 2009 年建成的边界层风廓线雷达。

2015 年建成移动 X 波段双偏振雷达（图 2.105）。

图 2.106、图 2.107 分别为 2014 年建成的大孤山地波雷达和 2017 年建成的旅顺地波雷达。

图 2.103　2003 年建成的 VSAT 小站

图 2.104　2009 年建成的边界层风廓线雷达

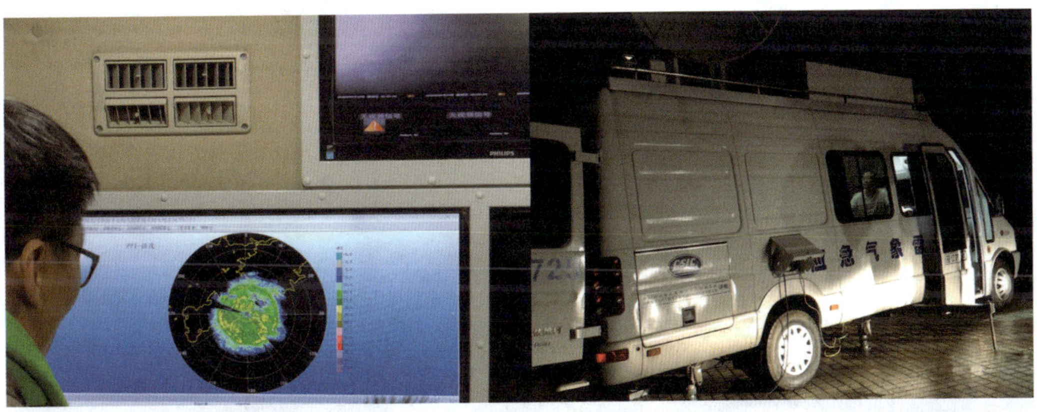

图 2.105　移动 X 波段双偏振雷达应急观测

图 2.106　2014 年建成大孤山地波雷达

图 2.107　旅顺地波雷达

五、综合气象观测网

目前，大连已建成遍布城乡的自动气象站近 300 个，陆上自动气象站间距为 6 ～ 8 千米，具备了气象卫星、多普勒天气雷达、L 波段探空雷达、风廓线雷达、车载双偏振天气雷达、激光雷达、地波雷达、GPS/MET 水汽遥感探测仪、海上浮标等组成的海、陆、空全方位立体气象监测系统。建立了雷电监测网、能见度监测网、农业及生态监测网、大气成分监测网、酸雨观测网以及大孤山化工区域气象监测预警中心等。每个村均安装有气象灾害预警大喇叭，形成了一张捕风捉雨、监视生态的天网，综合气象监测精密化、信息化、智能化水平不断提升。详见图 2.108—图 2.120。

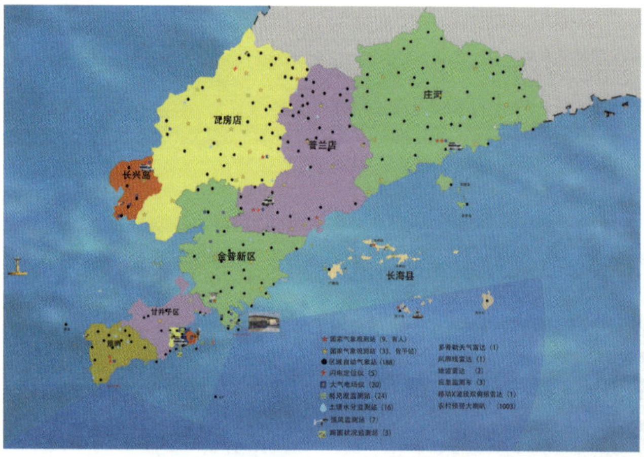

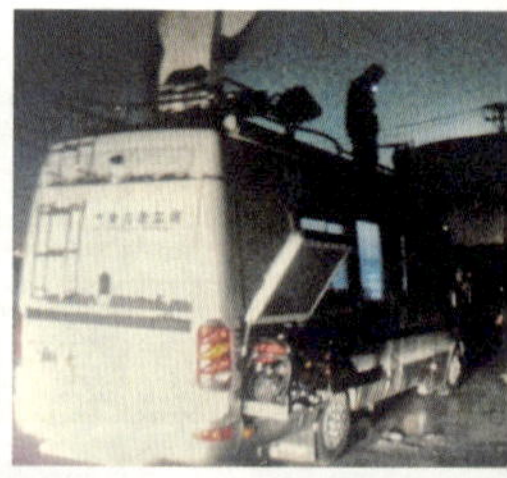

①	⑤ ⑥
② ③	⑦
④	⑧

① 图 2.108　2022 年大连市综合气象观测站网分布
② 图 2.109　大连 1 号气象浮标（直径 10 米）观测站
③ 图 2.110　大连 2 号气象浮标（直径 3 米）观测站
④ 图 2.111　气象移动应急观测设备维护车
⑤ 图 2.112　2015 年建成的气象装备计量检定实验室
⑥ 图 2.113　气象应急车参加 2010 年 716 大火应急气象监测服务
⑦ 图 2.114　2017 年 6 月大连夏季达沃斯会议现场气象观测服务
⑧ 图 2.115　2017 年 4 月我国首艘航母下水现场观测服务

① 图 2.116　广鹿岛自动气象站
② 图 2.117　蛇岛自动气象站
③ 图 2.118　船舶自动气象站
④ 图 2.119　大孤山化工园区气象监测中心观测场（周龙　摄）
⑤ 图 2.120　路面状况监测站

第七章　地面气象观测仪器从人工观测到自动化的转变

一、测温测湿仪器

测温测湿仪器从 20 世纪 50 年代至今的变迁见图 2.121—图 2.125。

2020 年 9 月 22 日，大连站建成了温度与雨量多传感器设备，并与采集器挂接。气温、降水多传感器业务运行。同时，酸雨自动观测仪、天气现象视频智能观测仪试运行。

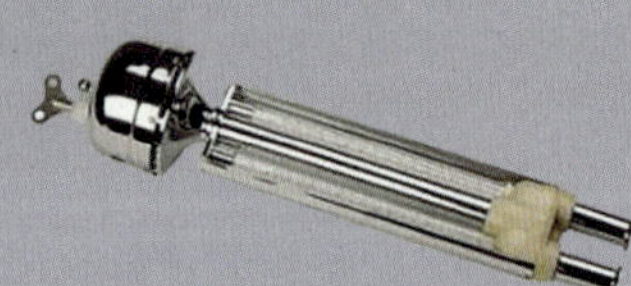

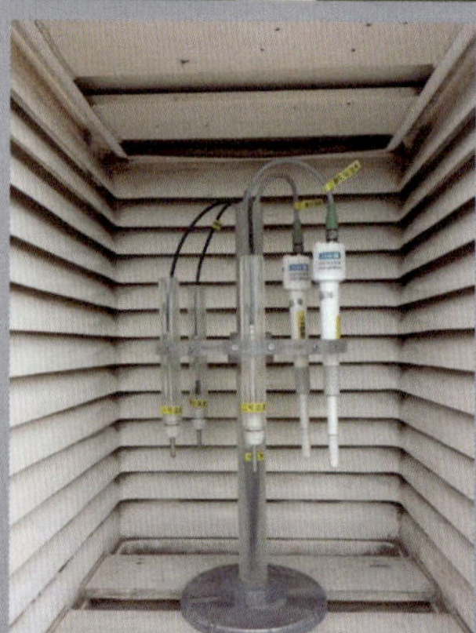

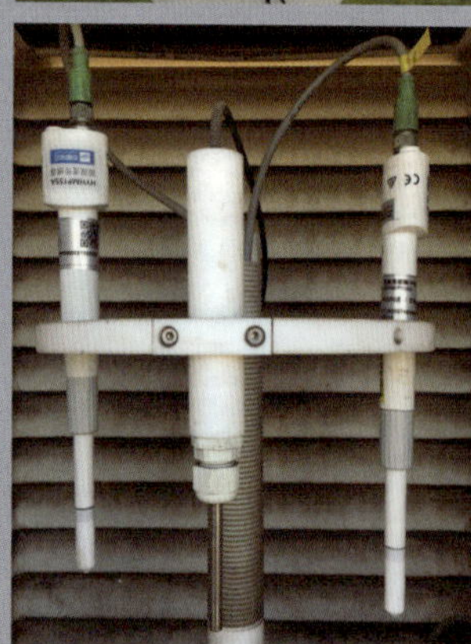

① ② ③
④ ⑤

① 图 2.121　温度计、湿度计（20 世纪 50 年代至 2012 年）

② 图 2.122　百叶箱干湿球温度表、最高最低温度表（20 世纪 50 年代至 2012 年）

③ 图 2.123　通风干湿表

④ 图 2.124　温湿度传感器（2004—2020 年）

⑤ 图 2.125　气温多传感器与湿度传感器（2020 年至今）

二、测风仪器

测风仪器从 20 世纪 50 年代至今的变迁见图 2.126—图 2.130。

图 2.126　维尔达风向风速器（20 世纪 50 年代）

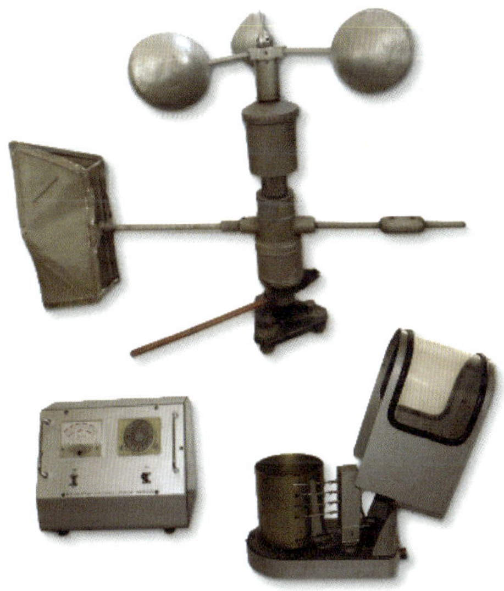

图 2.127　EL 型电接风向风速计（20 世纪 60—80 年代）

图 2.128　EN 型测风数据处理仪（20 世纪 90 年代）

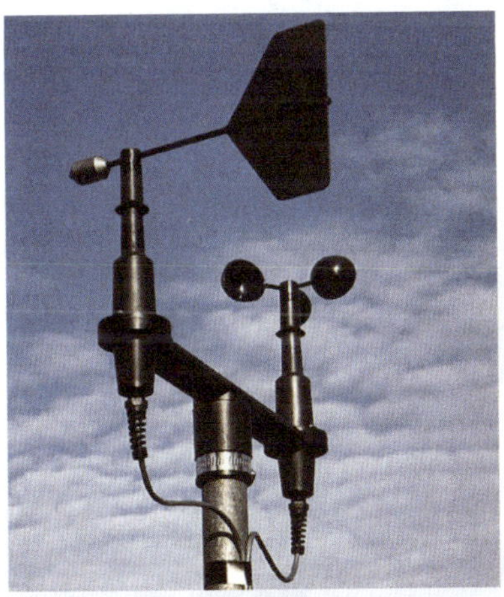

图 2.129　自动气象站风传感器

图 2.130　风塔及风向风速传感器（2004 年）

三、地温测量仪器

地温测量仪器的变迁见图 2.131—图 2.134。

图 2.131　地面温度表、地面最低温度表、地面最高温度表

图 2.132　曲管地温表

图 2.133　直管地温表

图 2.134　地温传感器（2004 年）

四、降水测量仪器

降水测量仪器从 20 世纪 50 年代至今的变迁见图 2.135—图 2.140。

① ② ③

④ ⑤

⑥

① 图 2.135　雨量器

② 图 2.136　翻斗式遥测雨量计

③ 图 2.137　翻斗式遥测雨量计记录器（20 世纪 50 年代至 2011 年）

④ 图 2.138　翻斗式雨量计（2013—2020 年）

⑤ 图 2.139　多传感器翻斗式雨量计与酸雨观测仪（2020 年至今）

⑥ 图 2.140　称重式降水传感器（2014 年至今）

五、测天气现象仪器

测天气现象仪器从 2020 年投入业务运行，见图 2.141、图 2.142。

图 2.141　降水现象仪（2020 年至今）

图 2.142　2020 年 9 月 22 日自动气象站挂接视频天气现象仪

六、测能见度观测仪器

2016 年 7 月 1 日（北京时间 2016 年 6 月 30 日 20 时），大连站能见度仪器正式投入业务运行，见图 2.143。

图 2.143　前向散射式能见度自动观测仪（2016 年 7 月 1 日至今）

七、测压仪器

测压仪器从 20 世纪 70 年代至今的变迁见图 2.144—图 2.146。

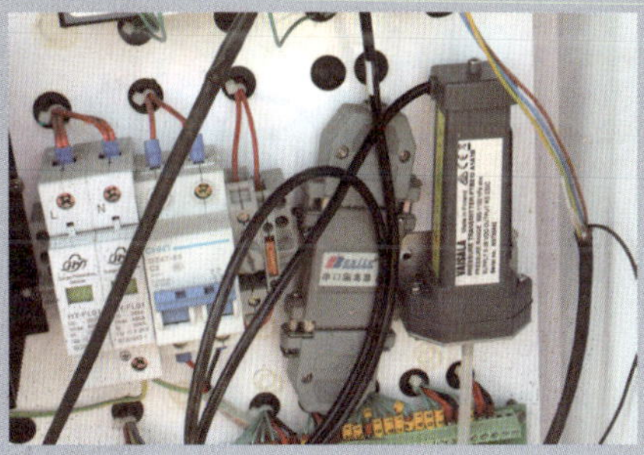

①|②|③ ① 图 2.144 动槽式水银气压表（20 世纪 70 年代至 2012 年）

② 图 2.145 气压计（1950—2012 年）

③ 图 2.146 气压传感器（2004 年至今）

八、测日照、总辐射仪器

测日照、总辐射仪器从 20 世纪 50 年代至今的变迁见图 2.147—图 2.149。

①|②|③ ① 图 2.147 暗筒式日照计（20 世纪 50 年代至 2018 年）

② 图 2.148 光电式数字日照计（2019 年至今）

③ 图 2.149 辐射自动观测系统

九、测蒸发量仪器

测蒸发量仪器从 20 世纪 50 年代至今的变迁见图 2.150—图 2.152。

图 2.150　带防鸟器的小型蒸发器（20 世纪 50 年代至 2020 年）

图 2.151　超声波蒸发量传感器(2004 年至今)

图 2.152　超声波蒸发量传感器（百叶箱内）

十、闪电定位仪与大气电场仪

闪电定位仪与大气电场仪从 2007 年投入业务运行，见图 2.153。

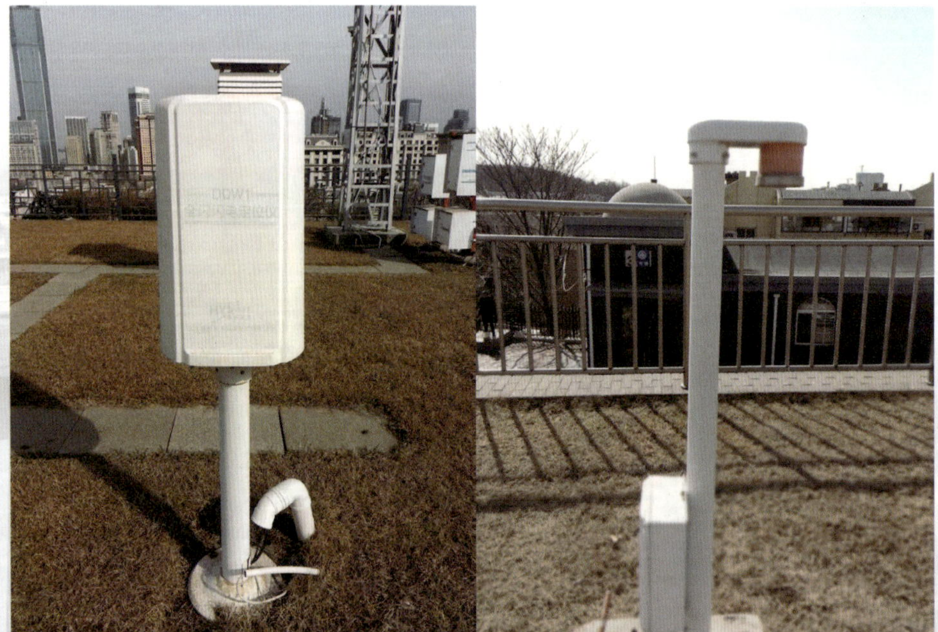

图 2.153　闪电定位仪与大气电场观测仪（2007 年 7 月至今）

十一、电线积冰测量仪器

电线积冰测量仪器从 20 世纪 50 年代沿用至今，见图 2.154。

图 2.154　电线积冰观测架（20 世纪 50 年代至今）

第三篇

百年气象站授牌

第八章　大连百年气象站认定

百年气象站是天气、气候和地球生态的忠实记录者，长时期连续、量化的气象观测信息对评估气候变化尤为珍贵，也是为人类保留下来的一份重要气候遗产。大连气象站由于满足运行时间超过百年、缺测不超过 10%（不含战争和灾害等影响）、没有造成观测气候特征变化的迁站等 9 项条件，2018 年 1 月被中国气象局认定为中国百年气象站（图 3.1、图 3.2）；2019 年 6 月被世界气象组织认定为世界百年气象站。

大连正式有连续气象记录是从 1904 年 9 月 7 日开始的，观测持续到 1945 年 8 月 15 日（日本宣布无条件投降），有连续 40 年的气象观测记录。因此大连气象站申请中国百年气象站和世界百年气象站也是从这个时间节点算起。之后由于战争中断了几年，1950 年 6 月 1 日至今气象记录连续。

图 3.1　2018 年 1 月认定大连国家基本气象站为中国百年气象站

图 3.2　中国百年气象站牌

2019 年 6 月 12 日，世界气象组织在日内瓦向最新一批获认定的 23 个百年气象站颁发证书，其中包括中国的武汉、大连和沈阳 3 个气象站。中国气象局副局长余勇从世界气象组织主席戴维·格莱姆斯手中接过百年气象站证书（图 3.3—图 3.5）。

图 3.3　世界气象组织向中国颁发百年气象站证书（张永　摄）

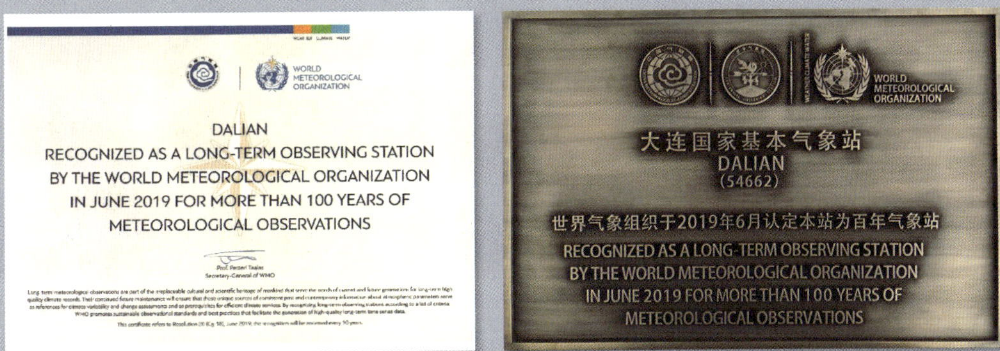

图 3.4　2019 年 6 月，大连国家基本气象站被世界气象组织认定为百年气象站

图 3.5　2019 年 11 月 8 日，西安全国气象工作会议上世界百年气象站授牌仪式

第九章　领导关怀

多年来，气象部门和地方政府各级领导对大连气象事业给予关怀。图 3.6—图 3.15 是中国气象局主要领导莅临大连调研情况。

1978

图 3.6　1978 年 8 月，中央气象局局长饶兴（2 排右 5）视察旅大市气象局与全体职工合影

1993

图 3.7　1993 年 10 月，国家气象局局长邹竞蒙（右 2）到大连市气象局调研

2002

图 3.8　2002 年 8 月，中国气象局副局长李黄（左 2）到大连市气象局调研

2004

图 3.9　2004 年 10 月 28 日，中国气象局副局长郑国光（左 4）到大连市气象局调研

2006

图 3.10　2006 年 1 月 16 日，中国气象局局长秦大河（左 2）到大连市气象局调研

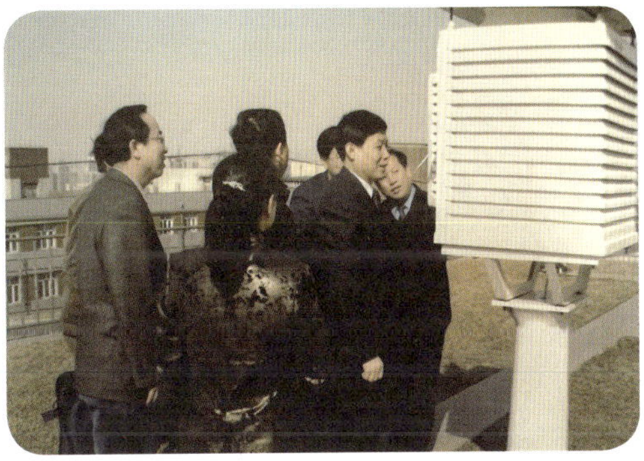

图 3.11　2006 年 3 月 25 日，中国气象局副局长徐小峰（右 2）到大连市气象局调研

2007

图 3.12　2007 年 3 月 30 日，中国气象局局长秦大河（右 1）到大连气象局调研

2013

图 3.13　2013 年 6 月 18 日，中国气象局副局长沈晓农（前排右 2）到大连市气象局调研

2017

图 3.14　2017 年 4 月 13 日，中国气象局副局长矫梅燕（右 1）到大连市气象局调研

图 3.15　2017 年 8 月 15 日，中国气象局副局长许小峰（左 1）到大连市气象局调研

参考文献

[1] 张建威，张晓纲．鸦片战争期间英军在大连地区军事行动之考察 [J]. 大连大学学报，2019，40(1)：28-41.

[2] 吴增祥．中国近代气象台站 [M]. 北京：气象出版社，2007.

[3] 大连市气象志编纂委员会．大连市气象志 [M]. 北京：气象出版社，2014.

[4] 中国近代气象史资料编委会．中国近代气象史资料 [M]. 北京：气象出版社，1995.

[5] 辽宁省地方志编纂委员办公室．辽宁省志・气象志 [M]. 沈阳：辽宁民族出版社，2002.

[6] 陈诗启．中国近代海关史・晚清部分 [M]. 北京：人民出版社，1993.

[7] 出渕正雄．旧满洲国中央观象台史 [M]. 东京：日本秀研社印刷株式会社，1988.

[8] 山本晴彦．帝国日本气象观测（满洲．关东州）[M]. 日本：农林统计出版社，2014.

[9] 丁力．沙俄和日本占领时期大连的城市建设 [J]. 兰台世界，2009(9)：70.

[10] 上田恭辅．露西亚时代的大连 [J]. 张晓刚，译．大连近代史研究，2015，12：476-485.

[11] 辽宁省气象局．辽宁省基层气象台站简史 [M]. 北京：气象出版社，2013.

[12] 大连市科学技术志编纂委员会．大连科学技术志 [M]. 大连：大连出版社，1994.

[13] 方军，王胜利．大连近百年风云图录 [M]. 沈阳：辽宁人民出版社，1999.

[14] 陈正洪．气象科学技术通史 [M]. 北京：气象出版社，2020.

附录 A　台站风采

1949 年后，大连市各区、县先后建立了气象站：1955 年建立了庄河、皮口气象站，1956 年建立了瓦房店气象站，1959 年建立了长海气象站，1961 年建立了普兰店气象站，1963 年建立了旅顺气象站，1969 年建立了金州气象站，2014 年建立了长兴岛气象站。到 2022 年，大连市共有国家级气象台站 9 个，其中 2 个国家基准气候站、3 个国家基本气象站、4 个国家一般气象站（表 A1、图 A1—A8）。

表 A1　大连市国家级台站建站时间及分类

站名	站号	档案号	站类	建站时间	备注
大连	54662	03001	国家基本气候站	1950 年 6 月 1 日	迁站 3 次
旅顺	54660	03083	国家基准气象站	1963 年 4 月 1 日	迁站 3 次
长海	54579	03066	国家基准气象站	1959 年 7 月 1 日	迁站 1 次
庄河	54584	03027	国家基本气象站	1955 年 9 月 1 日	迁站 1 次
瓦房店	54563	03034	国家基本气象站	1956 年 11 月 1 日	迁站 1 次
普兰店	54569	03079	国家基本气象站	1961 年 1 月 1 日	迁站 1 次
皮口	54575	03028	国家基本气象站	1955 年 9 月 1 日	
金州	54568	03113	国家基本气象站	1969 年 4 月 1 日	迁站 3 次
长兴岛	54565	03128	国家基本气象站	2014 年 1 月 1 日	

图 A1　旅顺国家基准气候站（周龙　摄）

图 A2　长海国家基准气候站

图 A3　庄河国家基本气象站（周龙　摄）

图 A4　瓦房店国家基本气象站（周龙　摄）

图 A5　皮口国家气象站（周龙　摄）

图 A6　普兰店国家气象站（周龙　摄）

图 A7　金州国家气象站（周龙　摄）

图 A8　长兴岛国家气象站（周龙　摄）

附录 B　大连气象站百年气温、降水变化图

大连气象站百年气温、降水变化见图 B1、图 B2。

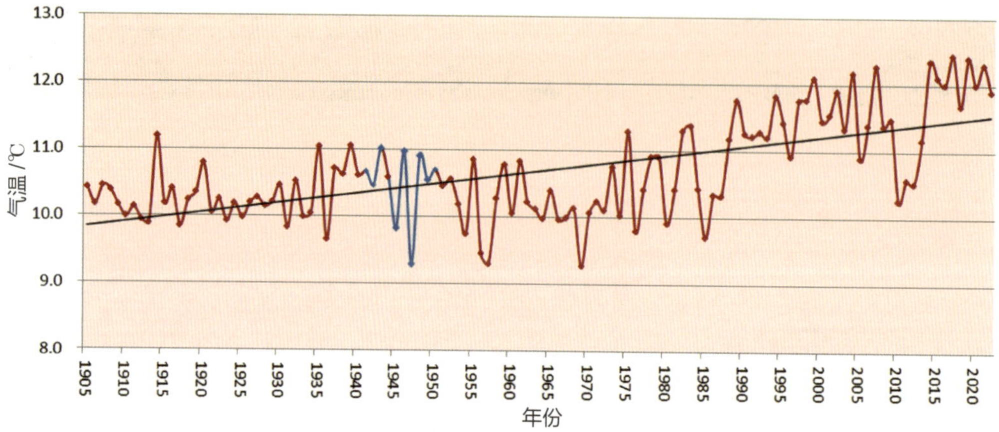

图 B1　大连百年平均气温变化（1905—2022 年，蓝色线为插补数据）

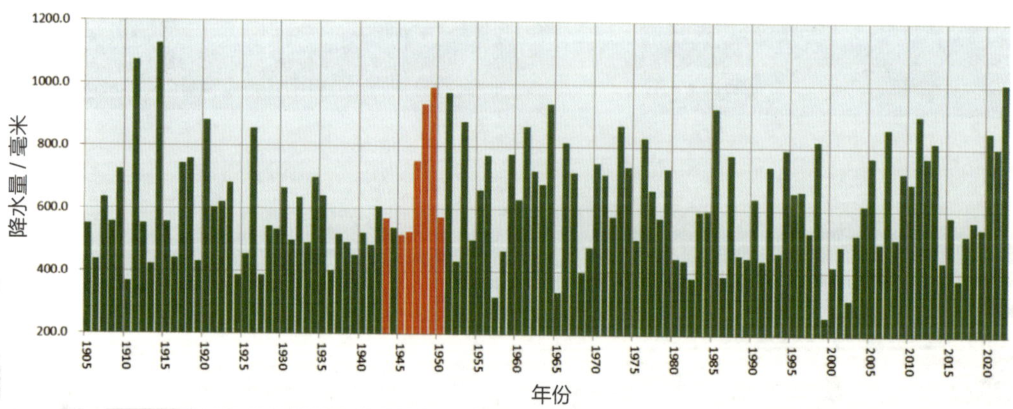

图 B2　大连百年降水变化（1905—2022 年，橙色线为插补数据）

后记

大连气象观测历经百年沧桑，早期经历了清朝海关时期、沙俄占领时期、日本占领时期及苏军接管时期，基本由外国人建立或管理，直到中华人民共和国成立后的 1950 年，大连才诞生了人民的气象事业。大连气象事业的开端，是从气象观测开始的，2018 年大连国家基本气象站被认定为中国百年气象站，2019 年，又被世界气象组织认定为世界百年气象站。气象观测是气象事业的基础，2021 年，恰逢大连气象事业开创 70 周年、中国共产党建党百年之际，我们着手编纂了这本画册，以图为史，用画说的方式展示记录大连百年气象观测的发展历程。如今我们站在一个新的起点上，回望沉重曲折的历史，倍感今日的辉煌。

在本书的资料收集整理和编辑过程中，得到很多人的无私帮助，他们中有：大连外事办张建威巡视员，大连外国语大学日本语学院刘晓华副教授，辽宁科学技术出版社王奉安编审，在大连气象站工作过的李素勤、战淑珍、孙国武、夏维信、谷占文、侯延河等老同志，中国气象局档案馆台站史专家吴增祥老师，辽宁省气象局韩玺山老师，平顶山学院刘立成教授，大连近代史研究所副所长周爱民老师，伪满皇宫博物院副院长宋伟宏老师，甲午海战纪念馆副馆长王记华老师，大连近代史研究专家罗振玉艺术中心刘勇老师等。在此，一并致以诚挚的感谢！

大连气象已走过百年观天测候的风雨历程，伴随着气象业务现代化的快速发展，气象观测的内容和手段变化巨大，气象观测正朝着自动化、智能化、组网协同观测等方向发展。如今大连气象正站在一个新的历史起点上，聚焦气象事业的高质量发展，扬帆起航，踏上新征程。